LE

# FORESTIER PRATICIEN

## GUIDE

### des Propriétaires, des Gardes, etc.,

TRAITANT DE LA CONSERVATION, DES SEMIS, DES
PÉPINIÈRES, DE L'AMÉNAGEMENT, DE L'EXPLOI-
TATION, ETC., ETC., DES FORÊTS.

La pratique est le dernier terme que
les sciences doivent atteindre.

### PAR M. F. CRINON,

*Garde Général de M<sup>me</sup> la M<sup>se</sup> de Mortemart.*

## Paris.

IMPRIMERIE POLLET ET Cⁱᵉ, RUE SAINT-DENIS, 380.

### 1847.

S

LE

# FORESTIER PRATICIEN

## GUIDE

### des Propriétaires, des Gardes, etc.,

TRAITANT DE LA CONSERVATION, DES SEMIS, DES
PÉPINIÈRES, DE L'AMÉNAGEMENT, DE L'EXPLOI-
TATION, ETC., ETC., DES FORÊTS.

La pratique est le dernier terme que
les sciences doivent atteindre.

### PAR M. F. CRINON,

Garde Général de Mᵐᵉ la Mˢᵉ de Mortemart.

———◦◦◦◦◦———

**Paris.**

IMPRIMERIE POLLET ET Cⁱᵉ, RUE SAINT-DENIS, 380.

1847.

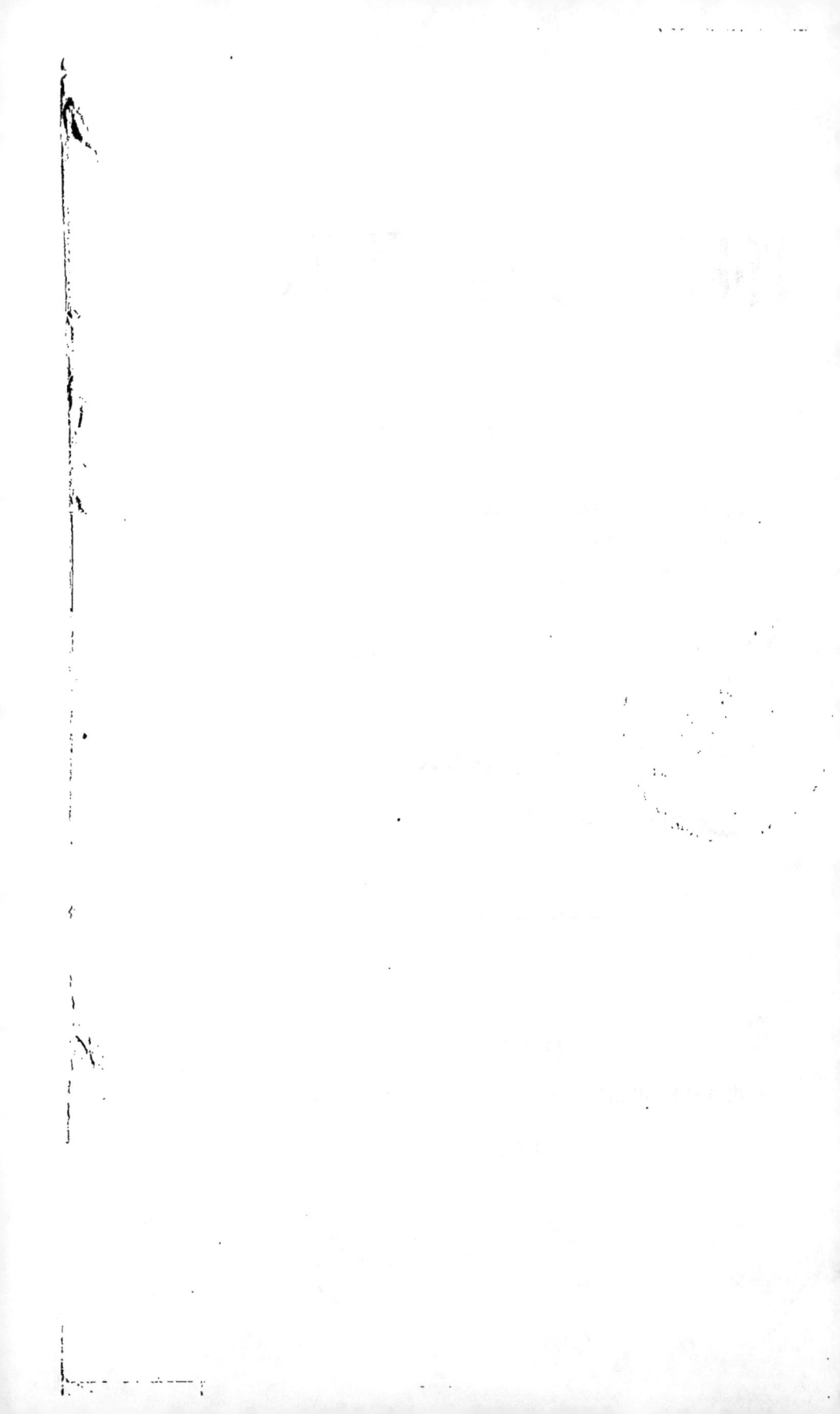

# A MADAME

## La Marquise de Mortemart,

*Douairière.*

—

Madame la Marquise,

Devant à vos bontés et à votre bienveillance la position qui m'a permis de recueillir une partie des matériaux de ce petit ouvrage, faites-moi l'honneur, je vous prie, d'accepter la dédicace du FORESTIER PRATICIEN, et agréez, Madame, l'expression de ma profonde reconnaissance et de mon respect.

*Crinon.*

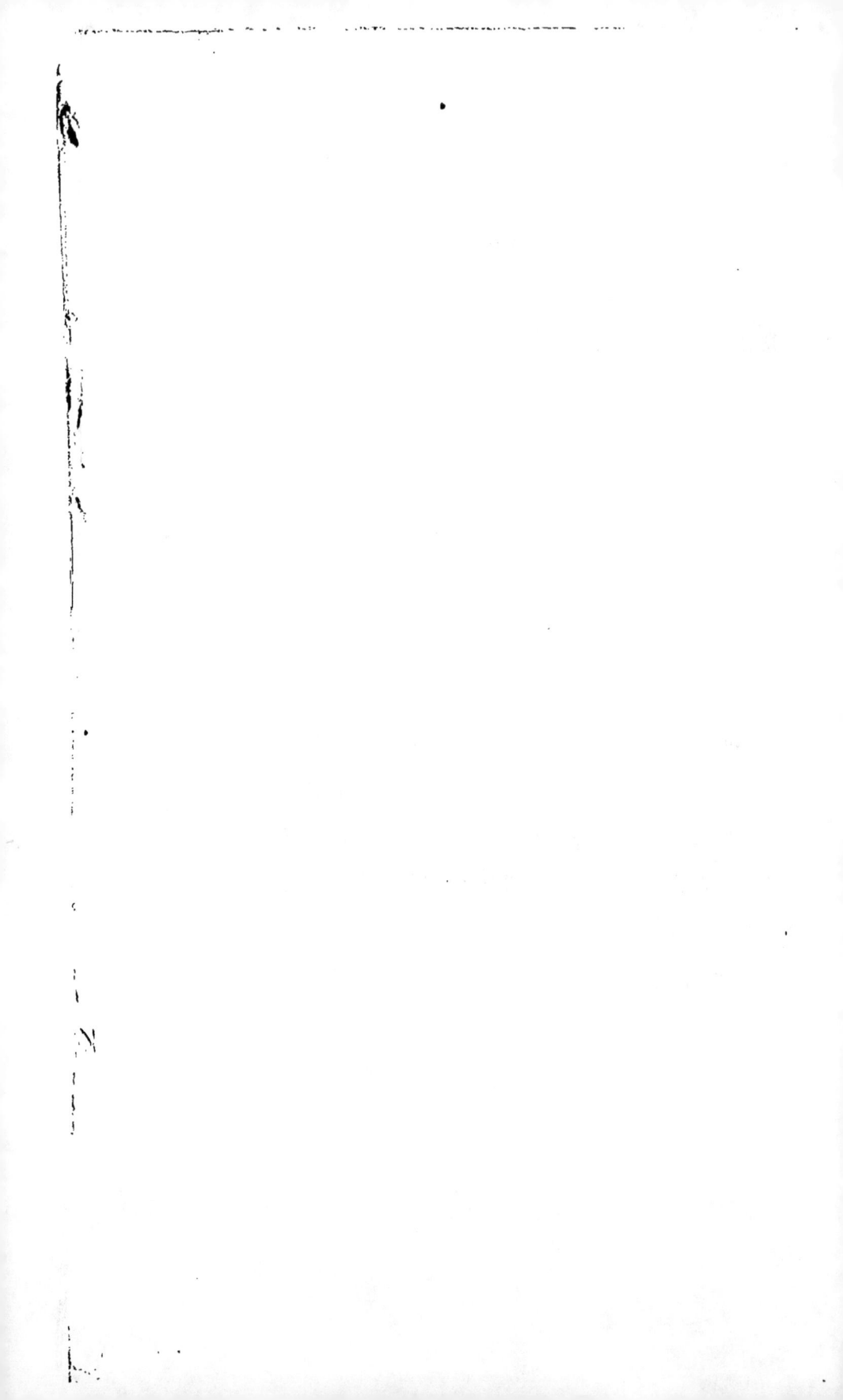

# QUELQUES MOTS DE PRÉFACE.

———

La culture forestière en France est si loin du progrès qu'ont atteint toutes les branches de notre industrie et des arts, et si peu en harmonie avec les besoins de notre époque, que depuis longtemps je m'étais proposé d'écrire un petit ouvrage à la portée de tous ceux qui s'occupent de cette matière.

Des moments de loisir m'ont mis à même de réaliser ce désir et de venir concourir pour ma faible part aux améliorations que la société a le droit d'attendre. En publiant ce petit ouvrage je n'ai pas la prétention de faire de la science ni de remplir un vide : des ouvrages nombreux et spéciaux existent, et sous des rapports mieux traités que celui-ci ; mais ce que j'ai voulu avant tout, c'est d'offrir à ceux que cette science intéresse directement, la somme de connaissances que m'ont valué quinze années de pratique et d'observation. Ce que j'ai voulu leur offrir encore, c'est un petit cours pratique où le simple garde, le facteur comme le propriétaire, trouveront ce qui leur est usuellement nécessaire : assez ont traité le côté théorique pour ne pas m'en occuper. Loin de ma pensée, cependant, de croire que la théorie doive être négligée ; mais en matière de culture forestière il n'y a pas de règles à indiquer : en effet chaque forêt, chaque département et chaque localité même, eu égard aux essences, aux besoins de ces localités et au sol qui compense une propriété, demandent souvent à être traités différemment. La théorie pose au praticien des jalons qu'il doit suivre, mais sans en être l'esclave et sans craindre d'apporter tous les changements qu'exigent les circonstances.

En passant je dirai quelques mots du désordre, de l'anarchie et des modes vicieux d'exploitation qui existent et qui se pratiquent dans la plupart des forêts particulières, et, si je le puis, j'indiquerai quelques remèdes à appliquer. Ces désordres peuvent avoir les résultats les plus désastreux pour l'avenir de propriétés confiées le plus souvent à l'inexpérience qui paralyse tout bon vouloir. Que dire de la tolérance et de l'insouciance coupables des propriétaires! oui, coupables et envers eux-mêmes et envers la société. Ce n'est pas seulement un intérêt privé qui souffre d'un tel état de choses, mais la nation entière.

Dans une question où l'avenir d'une des principales richesses de la France est engagé, ne serait-il pas désirable que le gouvernement ou une société libre intervînt, et fît pour l'intérêt de tous, ce que l'intérêt privé ne sait pas ou ne veut pas faire?

Si l'on ne met de bornes à l'avidité, bien plutôt à l'incurie des propriétaires, l'avenir n'aura-t-il rien à nous reprocher? N'a-t-on pas à craindre pour le déboisement de notre pays? La pente sur laquelle nous sommes lancés ne nous entraînera-t-elle pas au delà d'une bonne et sage économie? et par contre-coup notre climat ne se trouvera-t-il pas sensiblement modifié?

La France est couverte de 8,631,747 hectares de forêts, dont 1,133,000 appartiennent à l'état, 66,592 au domaine de la couronne, 1,590,000 aux communes et établissements publics, 193,000 aux princes de la famille royale, 1,209,000 de forêts et domaines non productifs, et 3,489,000 aux particuliers.

Le gouvernement, quoique ne pouvant s'offrir pour modèle dans la culture des bois qui lui appartiennent, et quoique cependant n'étant intéressé que pour la sixième partie environ du sol boisé de la France, a senti depuis longtemps la nécessité de créer une école spéciale d'où sortissent chaque année des élèves ayant acquis la capacité nécessaire pour administrer ses forêts. Comment! un gouvernement prend toutes les mesures d'urgence pour le soin de sa propriété; il connaît l'état et les besoins de celles des particuliers, et il ne trouve rien à faire pour leur conservation et leur bonne administration!... Ne s'agit-il pas des mêmes intérêts? La richesse des particuliers n'est-elle pas celle de l'état? L'une et l'autre ne doivent-elles pas être l'objet de sa constante sollicitude? On encourage l'agriculture, peu, peut-être ; on encourage les arts et l'industrie, et on ne fait rien pour près de quatre millions de bois que possèdent les particuliers!... Ne se rappelle-t-on pas que l'ancien monde, lui aussi, fut couvert de luxuriantes forêts, et qu'à l'ombrage de ces forêts vivaient de nombreuses populations? De ces forêts ne s'échappait-il pas des sources qui portaient dans les campagnes le tribut de leur bienfaisante influence? Que rencontre-t-on aujourd'hui, soit dans les immenses plaines de la Syrie ou de l'Egypte? Partout, si ce n'est sur les rives du Nil et dans quelques vallons, on ne trouve que stérilité, sol brûlé, fleuves desséchés. Voilà où peut mener l'imprudence d'une nation, et d'une nation civilisée ! Un fait bien caractéristique, et qui doit donner à réfléchir, c'est que postérieurement aux plantations considérables que le pacha d'Egypte fit exécuter dans ses états, des pluies qui, depuis des siècles, n'avaient plus arrosé les campagnes, ont reparu et durent des semaines entières. Sans nuire au droit sacré de la propriété, ne pourrait-on pas recourir à quelques sages mesures? Ne pourrait-on pas, dans une des forêts de chaque département, créer une école pratique? Ne trouverait-on pas,. dans les élèves sortis de l'école de Nancy, des professeurs gratuits? A défaut de l'intervention du gouvernement, des associations libres ne pourraient-elles faire pour les bois ce que font les comices agricoles pour les champs?

Pour un sujet qui se destine à la carrière modeste de garde particulier, l'école de Nancy est le superflu. On se bornerait, dans ces écoles, à la démonstration pratique des meilleurs modes d'exploitation, d'aménagement, de repeuplement, de la tenue des livres et un peu du toisé : notions indispensables pour un praticien. Lorsque les élèves de ces écoles pratiques auraient fait preuve d'intelligence et de savoir, il leur serait délivré un certificat de capacité sans lequel nul ne serait admis dans les bois et forêts, soit comme garde, soit comme exploitant ou administrateur. Pour que l'action de ces écoles ne restât pas stérile et que les élèves trouvassent la rémunération de leurs sacrifices, les propriétaires, de leur côté, ne pourraient faire de choix que parmi ces hommes spéciaux et dignes, à ce titre, de leur confiance. Dans l'état actuel, à qui souvent est-on obligé de confier des intérêts considérables? Faute de mieux, à un ancien domestique, à un simple ouvrier ou à un braconnier des localités, pour lui donner, comme on dit, un os à ronger. En admettant que ces hommes aient quelque intelligence, il ne leur faudra pas moins de cinq à six années pour acquérir une expérience qu'un propriétaire, que la nation paient toujours fort cher; et ces hommes acquerraient-ils cette expérience, qu'ils manqueront toujours d'études spéciales et ne règleront leurs actions que sur une fatale routine. C'est véritablement inouï qu'il faille cinq à six années de stage pour être apte à n'importe quelle carrière, et qu'on n'exige aucune garantie d'un homme auquel, souvent, on confie des intérêts de la plus haute importance.

Améliorer la position des propriétaires par une appréciation exacte du revenu net des forêts, qui amènerait nécessairement une répartition plus équitable de l'impôt exagéré qui pèse sur les bois qu'on a sacrifiés aux champs lors des opérations cadastrales ; comme pour l'industrie, accorder par concours des primes à ceux des propriétaires qui administreraient le mieux leurs propriétés ou qui éleveraient leurs taillis en futaie ; mettre les *gardes des bois particuliers* et les *gardes champêtres* sous la surveillance des *agents de l'administration forestière*; plus de sévérité dans la répression des délits ; soumettre, *dans certains cas*, tous les bois au régime forestier, et prescrire des modes raisonnés, soit d'aménagement, soit d'exploitation, applicables à l'exigence des localités, seraient des motifs certains pour la conservation des forêts.

Dans les combinaisons proposées chacun trouverait de l'avantage : l'intéressé immédiat, en le faisant jouir d'une expérience acquise et en trouvant des sujets capables ; le pays, en trouvant des garanties pour l'avenir.

Sous une forme quelconque, et je n'ai pas la prétention d'indiquer la meilleure ni la plus complète, la société a le droit d'attendre quelques heureux changements, et tout bon économiste doit attendre ce moment avec une vive impatience.

De telles mesures n'auraient pas pour effet de tirer un moindre produit de nos forêts ni d'affecter par conséquent le revenu des propriétaires actuels ; ce pas vers le progrès ne pourra produire que les plus heureux résultats, et je veux

1.

croire que lorsque nos forêts auront subi les améliorations
que conseille la prudence, la société, désormais sans in-
quiétude, pourra laisser faire et verra chaque jour s'accroître
et son revenu et son capital.

# LE

# FORESTIER PRATICIEN.

## SECTION PREMIÈRE.

### De la Conservation des Forêts.

Parmi les causes qui peuvent porter un préjudice
considérable aux bois, j'indiquerai le droit d'usage.
Lorsqu'il ne s'agit que d'un droit d'affouage et de
bois façonnés à délivrer périodiquement, il n'y a
que le revenu du propriétaire qui en est affecté ; et
sans doute, en acquérant une propriété grevée
d'une telle servitude, on a dû distraire de son
revenu les charges de cette nature; mais ce qui
doit surtout éveiller l'attention des propriétaires,
c'est le droit de pacage, car, dans cette circonstance, l'avenir d'une propriété est compromis, et
le propriétaire ne devra reculer devant aucuns
sacrifices pour racheter les erreurs d'une autre
époque : la jouissance d'un tel droit donnant toujours lieu à des abus considérables. Du reste,
l'état de notre législation, par les dispositions de
l'art. 64 du Code forestier, donne aux propriétaires

la faculté d'affranchir leurs bois d'une servitude aussi incommode que préjudiciable.

Le pacage et le pâturage sont bien plus préjudiciables aux forêts que l'affouage, tant sous le rapport du dommage que les animaux font dans les bois que par les nombreux abus et délits auxquels donne lieu l'exercice d'un pareil droit. Les vaches, les bœufs attaquant les herbes, et à défaut de celles-ci les jeunes plants, coupent les extrémités des branches. Le cheval, l'âne, la chèvre et le mouton sont bien autrement à redouter, puisque préférablement ils attaquent le bois, le dépouillent de son écorce. Les feuilles des jeunes pousses sont particulièrement l'objet de leur convoitise. Le bois attaqué ainsi se trouve privé de ses moyens naturels de végétation, et si de telles lésions n'ont pas suffi pour le tuer, toujours il est arrêté dans sa croissance et reste souffrant. Les meilleures mesures à prendre pour régler le mode de pâturage dans les forêts seront toujours insuffisantes, et tous les forestiers ne peuvent que désirer l'extinction complète d'un semblable droit. L'homme lui-même peut nuire médiatement aux forêts quand il en veut retirer un plus grand revenu que ne le comporte un bon système d'aménagement. Il porte aussi atteinte à leurs produits quand il ne prend pas toutes les mesures urgentes pour prévenir les abus. Un propriétaire nuit à ses bois lorsqu'il emploie des modes vicieux d'exploitation ; quand il ne saisit pas l'instant le plus favorable pour la coupe, soit du taillis, soit de la futaie ; lorsqu'il coupe à contre-saison ; qu'il ne fait pas les éclaircies et les nettoyages de ses taillis en temps utile, ou lorsqu'il enlève trop de bois en les pratiquant. Le défaut de repeuplement est aussi une des causes du dépérissement des forêts. Je ne connaisse pas d'autres moyens, pour éviter les dévastations qu'on peut causer aux forêts, que de les confier à des forestiers instruits et honnêtes. C'est ici le moment de dire qu'un propriétaire doit éviter de confier légèrement ses bois à des hommes honnêtes sans doute, éclairés peut-être, mais sans spécialités. La culture des bois n'a rien de commun avec celle des terres. Le cultivateur qui exploite mal son champ ne compromet que l'intérêt du moment ; mais des actions d'un forestier il n'en est pas ainsi, car en même temps que celui-ci ne tire pas le maximum des produits de la forêt confiée à ses soins, par un mauvais système d'aménagement, par des exploitations mal ordonnées, etc., il peut en compromettre l'avenir ; dans un temps donné affecter sensiblement son revenu, et, cause non moins à craindre, c'est qu'il peut être l'auteur involontaire de son déboisement, et, qu'on le croie bien, le déboisement d'une forêt peut marcher plus vite qu'on ne le pense généralement. Qu'on ne suppose pas que je veuille parler de maux imaginaires ;

je dirai même que dans presque toutes les forêts on rencontre des cas de déboisements dus à l'imprudence ou à l'ignorance, soit des forestiers, soit des propriétaires.

L'exploitation et l'aménagement, à eux seuls, peuvent amener promptement le déboisement des forêts, surtout dans les terrains secs ou dans les montagnes. A l'article EXPLOITATION ET AMÉNAGEMENT je donnerai plus de développement aux différents modes qui se pratiquent dans nos forêts, et j'indiquerai ceux qui doivent être préférés et qui m'ont paru rationnels. Plusieurs espèces d'animaux et d'insectes, lorsqu'ils sont trop nombreux, contribuent pour beaucoup à la dévastation de nos forêts. Parmi eux je signalerai un des rongeurs le plus à redouter, et qui est d'autant plus difficile à détruire qu'il se multiplie d'une manière prodigieuse. Je veux parler du lapin (*lupus cuniculus*, B.). Les semis et les plantations, le vieux bois même, souffrent considérablement de sa présence. Aussi, un propriétaire qui tient à la conservation de ses bois doit faire détruire ce gibier, ou s'il désire en faire une réserve, elle devra être maintenue dans une proportion raisonnable et assez éloignée des pépinières et des plantations. Si le lapin est l'ennemi des bois il ne l'est pas des gardes, qui trouvent en lui un aliment sain et peu cher. Pour cette cause, peut-être, le lapin est-il difficile à détruire. Dans les hivers rigoureux, lorsque le sol est enseveli sous la neige, ce rongeur ne trouvant plus d'herbe fera sa nourriture de l'écorce de quelque essence. Le vernis du Japon, l'acacia, le frêne et plusieurs autres essences sont surtout de son goût. Le daim, le cerf, le chevreuil ne font pas moins de tort que le lapin, mais ils deviennent si rares dans les forêts particulières que les dégâts qu'ils peuvent faire sont peu importants. Si cependant ces mammifères se trouvaient en très grand nombre dans une forêt, il ne faudrait rien négliger pour les ramener à une proportion convenable.

Des insectes, comme je l'ai dit, peuvent causer des dommages en perforant le tronc des arbres. Ces accidents provoquent des maladies qui peuvent devenir mortelles, mais qui amènent toujours la décomposition des sujets attaqués. Aussitôt qu'un arbre est ainsi atteint, l'humidité, des corps étrangers s'introduisent dans ces galeries, entrent en fermentation, et ont toujours pour résultats la décomposition des parties de l'arbre qui se trouvent en contact avec ces corps.

Le seul remède à indiquer en pareil cas, c'est de faire abattre le sujet le plus tôt possible et de l'enlever, car un arbre mort devient une pépinière d'insectes qui sont à l'état de larve d'abord, mais qui plus tard viendront à leur tour causer d'autres dommages. Tous les genres *coléoptères, orthop-*

*tères, hémiptères, hyménoptères, lépidoptères,* etc.,
peuvent être classés parmi les insectes nuisibles
aux forêts ; les uns en perforant le tronc des
arbres, les autres en attaquant les racines, et
d'autres en mangeant les feuilles, les *fleurs* et les
*fruits.* Ces insectes trouvent des ennemis bien redoutables dans quelques espèces d'oiseaux, tels que
les gallinacées en général ; les passereaux, tels que
le corbeau, la pie ordinaire et la pie grièche ; les
pics et les grimpereaux qui habitent nos forêts leur
font une guerre continuelle, les dévorent soit à l'état
parfait ou de larve, en les cherchant dans les rugosités de l'écorce ou en les allant chercher jusque
dans les couches ligneuses. En terre, la taupe
fait sa nourriture ordinaire de quelques espèces.
Si on ne se rendait pas compte du travail des pics,
on serait tenté de croire qu'ils ne sont chargés que
du soin de détruire nos bois. Le contraire a lieu,
pourtant. Il est vrai que souvent on trouve des arbres perforés par eux, mais ce n'est jamais sans
motif ni sans but qu'ils se livrent à un tel labeur :
ou c'est pour aller chercher un insecte qui se trouve
à plusieurs centimètres sous les couches ligneuses,
ou c'est pour préparer le berceau qui doit recevoir
leur progéniture ; mais dans l'un comme dans l'autre cas, jamais ils n'attaqueront un arbre sain. Re-
mercions-les donc ; ce sont des travailleurs qui méritent notre protection.

Nous avons aussi des rongeurs qui nuisent à la reproduction des forêts : l'écureuil, qui ne se rencontre guère que dans de hautes futaies ; le mulot et la souris (*mus sylviticus* et *mus culus*), par la grande consommation qu'ils font de toutes espèces de graines, et souvent en attaquant les jeunes plants, surtout l'écorce des jeunes charmes, des châtaigniers, des érables et des frênes. Ces rongeurs, dans les oiseaux de proie et nocturnes, tels que le chat-huant, l'effraie, la grande et la petite chouette, le hibou, etc., trouvent des ennemis qui leur font une chasse incessante. Les carnassiers, tels que le hérisson, la belette, etc., en font une grande consommation. Dieu, dans sa sagesse infinie, n'a-t-il pas mis le remède à côté du mal? L'imprévoyance de l'homme va pourtant jusqu'à donner une prime à un garde qui tue ces précieux oiseaux. Ne serait-ce pas plutôt une amende qu'il faudrait infliger à quiconque serait convaincu d'avoir détruit un oiseau reconnu utile? Combien d'autres espèces d'oiseaux n'ont-elles pas pour mission de nous débarrasser d'une foule d'insectes? Nos bois, nos champs, sans eux, ne seraient-ils pas dévastés? Combien de larves durant l'hiver, et d'insectes formés durant l'été, ne sont-ils pas dévorés par ces infatigables travailleurs? Attaquons ceux des animaux dont la présence nous cause préjudice, et entourons de notre protection ceux qui ne peuvent

que nous réjouir par leurs chants et qui nous sont
précieux comme gardiens naturels des fruits de la
terre.

Certaines plantes nuisent aussi aux forêts lorsque leur nombre se trouve trop multiplié, parce
qu'elles couvrent une grande partie du sol et
qu'elles s'opposent au repeuplement naturel ; parce
qu'elles s'emparent du terrain à la surface, le sous-
traient aux influences atmosphériques, et font une
consommation considérable des sucs nourriciers ;
parce qu'elles étouffent le jeune plant et parce
qu'elles vivent en parasites aux dépens de la partie
productive.

Toutes ces plantes ne causent pas au même degré
préjudice aux forêts. Parmi celles qui ont un effet
plus désastreux, je citerai la bruyère commune
(*erica vulgaris*, L.), dont les racines pénètrent très
avant dans le sol, et qui se multiplie avec une rapidité étonnante ; l'airelle ponctuée et l'airelle myr-
tille (*vaccinium vitis, idœa vitis myrtillus*), vulgai-
rement raisin des bois, qui s'emparent du sol et en
excluent tous les végétaux ligneux. Il y a aussi le
genêt commun (*spartium scoparial*, L.), le framboisier (*rubus idœus*, L.), la ronce des haies (*rubus
fruticosus*), le lierre (*hedera helix*, L.), la clématite
des haies (*clematis vitalba*, L.), et quelques autres
plantes grimpantes qui nuisent à la croissance des
arbres en les étreignant trop fortement, et leur

causent des infirmités. Le moyen le plus sûr de se
débarrasser des végétaux parasites, c'est de les
attaquer lorsque les taillis ont de sept à dix ans.
On met quelques ouvriers intelligents munis de
pioches, dans les parties envahies par ces végétaux,
et on les leur fait arracher et transporter le long
des routes. Leur produit peut servir souvent à couvrir les frais de ces nettoyages. Les taillis, acquérant
de la force, couvrent bientôt le sol nettoyé, et leur
ombrage suffit presque toujours pour faire disparaître ces ennemis. Lorsque le taillis n'est pas assez
épais pour couvrir entièrement le terrain, on doit
faire des labours assez profonds et opérer des
regarnis en marcottes; autrement les graines et
même les racines de ces parasites, trouvant de
l'air, et par conséquent des conditions de végétation,
ne tarderaient pas à envahir le sol de nouveau. Le
genêt, les ronces (le framboisier excepté) et les
mousses sont souvent d'un grand secours pour la
germination des graines, en leur offrant un ombrage bienfaisant, et plus tard, en abritant les
jeunes sujets; mais une fois que ces plants peuvent
se passer de ces protecteurs naturels, on doit sacrifier ces bouches désormais inutiles. J'ai vu bien
des fois, au milieu soit d'un massif de ronces ou
de genêts, des plants de la plus belle venue. Le
genêt coupé à fleur de terre ne repousse jamais.
L'épine noire (*prunus sylvaticus*) comme l'épine

blanche (*cratægus oxiacantha*), lorsqu'elles sont trop multipliées, causent toujours un tort considérable, même aux bois les mieux enracinés. Leur ombrage est tellement épais qu'aucune graine ne pourra jamais s'y développer. Les vieilles souches mêmes donneront des produits maigres et seront infailliblement absorbées. Ces arbustes devront être arrachés lors du nettoyage des taillis, et si quelques-uns persistaient, lors de la coupe on les ferait arracher de nouveau.

Quelle que soit la nature d'une plante, lorsqu'elle est trop multipliée elle nuit à ses voisins, et si on n'en doit tirer qu'un parti relativement médiocre, il ne faut rien négliger pour la maintenir dans de sages limites. Le tremble (*populus tremula*, L.), et le peuplier (*populus canescens*), peuvent, si on ne leur oppose un frein, dans les terrains un peu frais, nuire considérablement aux bois durs, qui ont plus de valeur, et que par conséquent on a intérêt à protéger. Ces deux espèces de peupliers végètent plus rapidement que le chêne, le hètre, etc., et à douze ans il n'est pas rare de les voir dépassant ceux-ci de trois à quatre mètres. Dans cette condition les essences plus délicates sont maigres, étiolées, et ne reprendront de la vigueur que lorsqu'on les aura débarrassées de voisins aussi incommodes. Si un propriétaire tient à la conservation de ses bois, il devra faire les nettoyages des peupliers dont je viens de parler. A dix ans ces bois ont déjà une valeur plus que suffisante pour couvrir les frais. On doit les faire arracher sans craindre pour la coupe suivante, si toutefois on tient à les conserver comme produit ; car ces deux espèces de peupliers ne forment jamais souche, et les recrus qu'ils donnent jaillissent toujours des racines. Plusieurs espèces de fougères sont aussi nuisibles aux forêts, surtout dans les plantations. Le seul moyen de s'en débarrasser est d'en extraire la racine.

L'enlèvement des feuilles et des herbes sèches ne doit pas être toléré ; car indépendamment de l'humus que forment ces produits, engrais naturel des bois, ils ont encore une autre action, celle de soustraire les racines aux influences très funestes des fortes gelées, et l'été d'éviter une trop grande évaporation.

Dans la coupe des harts qui doivent servir aux exploitations il peut encore se commettre d'assez graves abus. Ce travail doit être confié à un honnête homme, et assez habile pour voir d'un coup d'œil le brin qui doit être détaché de la souche, sans nuire à son produit. On devra prendre les brins inférieurs, les moins bien venant, et en faire la section le plus près possible de la souche. On ne doit couper ces harts que dans les taillis au-dessus de cinq ans, et jamais le prix n'en devra être aban-

donné aux gardes, car on aurait à craindre que
ceux-ci n'en fissent commerce, ce que très-souvent
j'ai vu.

Un propriétaire qui confie le soin de ses bois à
un ou plusieurs gardes, doit s'attacher à chercher
d'abord des hommes honnêtes, puis ayant quelques
connaissances en bois, surtout lorsqu'ils ne doivent
pas être sous la direction d'un supérieur. Autant
que possible, ces hommes ne devront pas être pris
dans les localités voisines des bois qu'ils sont appelés à garder, afin d'éviter des relations inté-
ressées. Ces hommes, pour les soustraire à toute
tentation, devront être convenablement rétribués,
et jamais aucun produit des forêts ne devra leur
être accordé, car j'ai toujours vu que de grands abus
résultaient d'un tel arrangement. Ces produits en
eux-mêmes sont souvent d'une faible valeur; mais
les abus qui en sont une suite nécessaire, peuvent
avoir une grande influence pour la conservation et
l'ordre qui doit exister dans une propriété.

Pour la conservation des forêts, les travaux d'assainissement doivent être placés au premier rang.
L'humidité du sol, occasionnée par le séjour des
eaux croupissantes, est très-souvent une des causes
du dépeuplement des forêts. En faisant écouler ces
eaux au moyen de canaux suivant la direction des
pentes, on arrive toujours à s'en débarrasser et à
produire les meilleurs résultats. A ces premiers

fossés viennent aboutir des rigoles qu'on aura pratiquées dans les parties de bois submergées. Ces rigoles ne coûtent de main d'œuvre que 5 à 7 centimes le mètre. Le nivellement n'est pas non plus bien dispendieux ; car il suffit, pour opérer avec certitude, de se transporter, durant les grandes eaux d'hiver, dans les endroits inondés, et reconnaître les petits courants qui sont ordinairement indiqués par des flaques d'eau. On plante des jalons dans les courants reconnus, et lorsque arrivent les sécheresses, on fait ouvrir les rigoles suivant les pentes indiquées.

D'autres terrains sont susceptibles d'être assainis par des procédés simples, mais non moins heureux. Il suffit souvent d'un fossé fait utilement pour dessécher de grandes étendues. Cela arrive lorsque l'on veut assainir des terrains encaissés, des vallons très marécageux, qui, par la présence des eaux qu'ils contiennent, se refusent à toute culture. Ces eaux proviennent ordinairement des couches supérieures et perméables des montagnes qui avoisinent ces localités. Versées sur ces plateaux, elles obéissent aux lois de la pesanteur, s'enfoncent pour ne s'arrêter que lorsqu'elles trouveront des terrains gras et compactes, glissent sur ceux-ci, et sortent dès qu'elles trouvent une dépression du sol, ce qui arrive ordinairement à la base ou sur quelque point du versant des montagnes, circonstance qui s'in-

dique toujours par des suintements. Il suffit souvent d'ouvrir un fossé contournant ces montagnes
et de les creuser jusqu'à ce qu'on rencontre les
terres argileuses qui ont servi de canaux naturels
à ces eaux, pour, comme je viens de le dire, assainir
de vastes terrains : détruire la cause, c'est faire
disparaître l'effet. Dans d'autres localités où la nature du sol ne permet pas aux eaux pluviales de
s'infiltrer, et où il n'existe aucune pente pour les
faire écouler, on devra pratiquer des puits absor-
bants. Il suffit quelquefois de faire des tranchées
de quelques centimètres, de quelques mètres peut-
être, pour percer les couches supérieures, et découvrir des sables qui absorberont toutes les eaux
qui seront amenées dans ces puisards.

Les phénomènes naturels dus au climat ou atmosphériques, comme le froid, la chaleur, la neige,
le vent, la foudre, etc., peuvent nuire aux forêts.
On en atténue les effets désastreux par des aménagements raisonnés et habilement dirigés. Les gelées
surtout causent des maladies connues sous les noms
de gelivures, cadrature, double aubier, etc., la perte
du bourgeon, lorsqu'elles reparaissent après le
printemps. On s'oppose à leurs effets redoutables
en assainissant le sol, et lors des exploitations en
conservant au nord et au levant des lisières de
grands arbres à feuilles caduques ou à feuilles per-
sistantes.

Quelques forestiers ont dit que les gardes commis à la surveillance d'une propriété doivent être
porteurs d'un instrument de travail, plutôt que
d'un fusil, pour se livrer aux travaux de repeuplement. En théorie ce rêve est très beau et doit flatter
un propriétaire, qui trouverait un double avantage
dans cet arrangement : celui d'avoir un garde qui
surveillera le bois confié à ses soins, et celui encore
de faire des travaux d'entretien ou de reboisement;
mais en pratique ce raisonnement perd de sa
valeur. Et je suis d'avis qu'avec de tels gardes on
aura un service mal fait. Qu'un délit soit commis
dans une propriété et qu'il en soit fait reproche, le
garde répondra qu'il était occupé à faire un fossé ou à
biner des plants. Au contraire, qu'on trouve que
ce garde a négligé ses plantations, il alléguera que
des délinquants ou des braconniers ne lui ont pas
permis de s'en occuper; pour ou contre, ce garde
saura donner une excuse. Certainement il y a de
ces travaux auxquels un garde peut se livrer sans
nuire à son service : c'est au propriétaire à savoir
les lui indiquer.

Parmi les causes qui peuvent encore causer un
grand préjudice aux forêts et aux propriétaires, il
en est une contre laquelle on ne peut pas toujours
se prémunir. Je veux parler du cas d'incendie. Ne
pas laisser allumer de feu aux ouvriers et autres,
soit le long des bordures ou dans l'intérieur des

forêts ou des exploitations, surtout pendant un temps sec et venteux, ou de n'en laisser allumer que dans des endroits autour desquels les terres auront été relevées de manière à former des saillies de 3 à 4 décimètres au-dessus du sol, sont des mesures que le forestier ne doit jamais négliger, et qui, si elles ne peuvent rien contre la malveillance et le fluide électrique, sont suffisantes contre les accidents dus à l'imprudence, et ce sont les plus nombreux.

Si, par une cause quelconque pourtant, un incendie venait à se développer dans l'intérieur d'une forêt, les gardes doivent aussitôt faire réunir le plus de monde possible, munis de hoyaux, de pelles et de tranchants, et, selon le degré d'envahissement du foyer, faire porter les travailleurs en avant du feu, et leur faire abattre un cordon de bois de plusieurs mètres de largeur, dont le produit est rejeté du côté opposé à la marche de l'incendie; et à l'endroit de cet abattage faire enlever quelques décimètres de terre qu'on retroussera en avant du sinistre, afin de lui opposer un obstacle et de restreindre ses effets désastreux.

Je ne suis pas d'avis non plus d'avoir des gardes planteurs, ni de gardes routiers dans une forêt, à moins d'avoir des hommes sûrs et qui soient bien surveillés, ce qui est assez rare; car ces hommes, comme la plupart des cantonniers de nos routes, travaillent peu.

Ce petit travail ne me permettant pas de m'étendre davantage sur un chapitre si intéressant à tous
égards pour les propriétaires de bois et pour le sol
boisé, je vais dire quelques mots sur les soins à
donner aux pépinières et aux semences destinées à
la reproduction des espèces.

## SECTION II.

### Semis et Pépinières.

Les sols les mieux boisés ne tarderaient pas à se
découvrir et les forêts à disparaître si des semis, soit
naturels, soit artificiels, ne venaient, par leur action constante, remplir les vides que ne manque
jamais d'amener le temps.

Pour remplacer l'arbre abattu ou la souche
usée, plusieurs moyens se présentent, et le plus
puissant est celui qui s'opère par le semis naturel,
lorsque les réserves, dites porte-graines, répandent un nombre quelconque de semences dans des
terrains qui ont la propriété de développer le germe
des graines qu'ils reçoivent. Dans bien des espèces
de végétaux, cette semence peut être transportée à
des distances considérables, surtout dans les différents genres de bouleaux, de frênes, charmes, éra-

bles, saules, les résineux, etc., dont les graines sont munies de membranes de locomotion que les vents portent quelquefois à plusieurs lieues. Tous les terrains ne reproduisent pas naturellement. Parmi ceux qui n'ont pas cette propriété, on peut indiquer les terrains secs et découverts, qui d'ordinaire ne donnent aucun résultat. Pour suppléer à ce défaut de repeuplement naturel, on est forcé de mettre des plants enracinés que l'on obtient en faisant des semis artificiels. Les lieux où se font ces semis se nomment pépinières, destinées aux divers modes de multiplication des végétaux dont la culture présente de l'avantage, tant sous le rapport de l'utilité que sous celui de l'agrément.

**Chêne**, *Quercus* (f. des amentacées). Les différentes espèces qui peuplent nos forêts sont des arbres de première grandeur, de première grosseur et de la plus grande utilité. Les fleurs paraissent en même temps que les feuilles, et sont remplacées par des fruits que l'on appelle glands. La maturité de ces fruits a lieu en octobre.

**Hêtre**, *Fagus* (f. des amentacées). Arbre de première grandeur. Son bois, quoique de moindre qualité que celui du chêne, est pourtant employé à une infinité d'usages. Il a des fleurs mâles et femelles qui paraissent avec les feuilles et auxquelles succèdent des fruits que l'on nomme faînes, contenues dans une capsule épineuse à quatre divisions, qui s'ouvrent en octobre pour laisser échapper les fruits qu'elles renferment.

**châtaignier commun**, *Fagus castanea sylvatica* ( f. des amentacées ). Le châtaignier est un arbre, comme le chêne et le hêtre, de première grandeur, d'une croissance rapide, surtout jusqu'à l'âge de quinze à vingt ans, et d'un bois très-précieux. Le châtaignier porte des fleurs mâles et femelles qui paraissent au printemps, exhalant une odeur très pénétrante, et sont remplacées par des fruits logés dans des capsules épineuses au nombre de un, deux ou trois, qui s'appellent châtaignes et qui sont mûres aussi en octobre.

On sera assuré de la maturité des semences de ces trois beaux arbres lorsqu'elles se détacheront d'elles-mêmes de leurs enveloppes. On évitera de ramasser celles qui seront précipitées les premières, car ordinairement elles sont verreuses et ne germeraient pas. Celles que l'on aura ramassées ensuite, et que l'on destinera à être semées, devront être transportées près d'un lieu d'habitation, où elles seront disposées par espèce et par tas de quarante à cinquante centimètres de hauteur, que l'on aura soin de remuer à la pelle tous les jours, jusqu'à ce qu'elles aient perdu l'excès d'humidité qu'elles contiennent. Le mois de novembre arrivé, on les mettra sous des hangars ou des abris bien aérés, où elles devront être stratifiées ; opération des plus simples, et qui consiste à disposer ces graines par couches horizontales de quinze centimètres, en alternant avec des lits parallèles de sable très fin et bien sec, afin qu'il embrasse bien tous leurs contours, et surtout encore pour repousser les rongeurs, qui ne peuvent y pratiquer des galeries ; autrement ils en feraient une grande consommation.

Le printemps arrive, époque où on fait ordinairement les semis. Un grand nombre de ces semences auront déjà des germes assez longs qu'on devra éviter de rompre en les détassant.

Les semences auraient aussi à craindre les rayons solaires ou l'impression de l'air froid de cette saison ; aussi ne doit-on les découvrir que lorsque le terrain sera prêt à les recevoir. Trois à cinq centimètres de terre, selon sa tenacité, suffiront pour recouvrir ces graines.

Je vais indiquer ici l'époque où on devra recueillir les graines de différentes autres espèces d'arbres à feuilles caduques, qui se trouvent le plus ordinairement dans nos forêts, laissant à d'autres le soin de s'occuper et de décrire ceux qui ne servent qu'à l'ornement de nos parcs, et qui sont par conséquent en dehors du cadre comme du but de ce petit ouvrage.

**Charme**, *Carpinus* ( f. des amentacées ). Le charme porte séparément des fleurs mâles et fe-

melles qui donnent naissance à des petits fruits
ovales et anguleux, qui sont mûrs en novembre.
Dès qu'ils auront pris une teinte jaune, on fera
monter aux arbres pour les détacher. On ne doit
pas attendre leur chute naturelle, car cette semence
est assez petite pour n'être pas facile à ramasser
lorsqu'elle est mêlée à la feuille. Si le terrain est
prêt, on pourra mettre cette semence en serre ;
mais dans le cas où l'on voudrait attendre le printemps, il faudra, comme pour le gland, en stratifier
la graine, qui du reste ne lève que dix-huit mois
après être semée. Un terrain frais, sans être humide, est le plus convenable.

**Orme**, *Ulmus* ( f. des amentacées ). Les fleurs
de l'orme sont hermaphrodites et réunies en bou-
quets ; elles paraissent longtemps avant les feuilles
et sont remplacées par des fruits membraneux,
ovales et aplatis. Suivant l'espèce, ces graines sont
mûres en mai ou juin, et doivent être semées aussitôt la récolte. L'hiver arrivant, les plants sont
déjà assez forts pour supporter les gelées. On peut
aussi semer au printemps ; mais la levée en est
moins certaine, surtout lorsque les sécheresses
surviennent de bonne heure. L'orme doit être semé
dans un terrain de bonne qualité, profond et un
peu frais, et doit être surtout bien préparé. Le
dernier binage ne sera donné qu'à l'instant de
mettre en terre. Pour faciliter la germination, on

attendra un jour de pluie , et on évitera de semer dans des terrains que les eaux pluviales peuvent plomber. On ne recouvrira les graines que de un ou deux centimètres.

**Frêne** , *Fraxinus* ( f. des jasminées ). Le frêne fleurit à la fin d'avril , au moment des feuilles , et la maturité de ses graines est ordinairement complète au milieu de l'automne. On doit, comme pour l'orme, semer aussitôt la récolte. Les graines lèvent généralement la première année ; mais un assez grand nombre ne lèvent qu'après une et même deux années. Le frêne demande un terrain fertile , un peu doux et frais. Je l'ai vu cependant réussir dans des sables très fluides , mais profonds et un peu humides. Comme pour l'orme , la graine doit être peu recouverte et semée dans un terrain bien préparé.

**Érable** , *Acer* (f. des acérinées). L'érable donne ses graines vers la fin de septembre ou dans le commencement d'octobre , et quoique l'on puisse semer au printemps en stratifiant, il est préférable de semer aussitôt après la récolte. Un terrain bien préparé est indispensable pour la réussite des semis d'érable. Un simple hersage suffit pour recouvrir la graine.

**Aune commun** , *Betula alnus* ( f. des amentacées). Les fleurs de l'aune s'épanouissent à la fin

de l'hiver, et ses graines sont mûres en novembre.
Elles se trouvent dans de petits cônes que l'on devra étendre au soleil ou dans un lieu sec, pour les
faire ouvrir et donner passage à la graine qu'ils renferment. Un tour de crible suffira pour séparer la
semence qui sera conservée dans un lieu un peu frais.
Un terrain humide, sans être inondé, devra être
choisi.

**saule**, *Salix* ( f. des amentacées ). Le saule
porte ses fleurs mâles et femelles sur des pieds
séparés. Les fleurs paraissent avant les feuilles et
sont disposées en chatons ; les semences qui leur
succèdent sont surmontées d'une petite aigrette qui
facilite leur déplacement. On fait les semailles de
différentes espèces de saules aussitôt que les graines
sont mûres, ce qui a lieu dans le commencement
d'avril ou à la fin de mars.

Indépendamment de la reproduction par semis,
les saules peuvent être encore multipliés de boutures, qui doivent avoir deux ou trois ans. Elles
doivent être mises dans un terrain un peu frais, et
transplantées la troisième année. J'ai vu des branches de saule de quinze centimètres de pourtour,
qui ont très bien réussi. Lorsqu'il s'agit de semis,
il devra être fait dans un terrain un peu frais et
bien préparé. Un simple hersage au râteau suffit
pour couvrir les graines.

**Merisier**, *Prunus avium* ( f. des rosacées). Le

2.

merisier à petits fruits , qui croît naturellement
dans nos forêts, et dont le bois est d'un usage précieux pour la menuiserie et d'un prix assez élevé ,
doit occuper une certaine place dans la culture forestière. Ses fruits, à longue queue, sont encore employés à faire une boisson qui est assez recherchée
sur nos tables; le noyau est gros, sa pulpe peu épaisse
et mûrit en juin. Il demande à être semé aussitôt la récolte. Il lève au printemps suivant. On le
sème ordinairement revêtu de sa pulpe, qui active
la germination et offre la première nourriture au
jeune plant. Un terrain un peu noir et gras est le
sol qui lui convient le mieux.          .

**Robinier** , *faux Acacia* ( f. des légumineuses ).
Le robinier est un arbre précieux, tant par la qualité de son bois que par sa croissance rapide, même
dans les terrains les plus médiocres. Les fleurs du
robinier sont disposées en grappes, et d'une odeur
très agréable. Elles paraissent vers la fin du printemps. On recueille les graines de ce légumineux
aussitôt que les siliques ont pris une teinte brune
et rendent un son sec au toucher. On conservera
les graines dans les gousses en les mettant dans un
endroit sec sans être chaud, et dans le courant de
la dernière semaine d'avril ou la première de mai,
on les mettra en terre, en les séparant de la silique,
bien entendu. La même année , les semis auront
atteint un ou deux mètres. Un terrain bien préparé

et un peu sec est le sol qui convient à la réussite
des semis de robinier.

**Tilleul commun**, *Tilia silvestris* (f. des tilia-
cées). Le tilleul commun, comme bien d'autres végétaux, se trouve dans des forêts où on ne l'a guère
planté. Il se multiplie soit de semences, soit de boutures ; et à plus d'un titre il doit fixer l'attention du
forestier. Son bois est blanc et propre à une infinité d'ouvrages. Le brossier, le menuisier, l'ébé-
niste et le sculpteur en emploient beaucoup. Les
fleurs du tilleul, qui paraissent au commencement
de l'été, fournissent un excellent miel aux abeilles,
et sont employées en médecine. Son écorce est employée à la confection de cordages dits de tille, qui
durent assez longtemps. Les graines du tilleul sont
contenues dans une capsule duveteuse ; elles mû-
rissent à la fin de l'automne et doivent être semées
aussitôt dans un terrain un peu gras, mais léger et
bien préparé.

**Peuplier**, *Populus* (f. des amentacées). Le peuplier est dioïque, c'est-à-dire que les fleurs mâles
et femelles sont sur différents pieds. Elles paraissent
de bonne heure, sont disposées en chatons et remplacées par des fruits à deux loges qui contiennent
une infinité de graines. Les peupliers se multiplient
de semences ou de boutures. Ce dernier moyen
est généralement préféré, parce qu'il y a économie
de temps. La deuxième année, on a déjà des sujets

de deux à trois mètres de hauteur , tandis que les semis n'auront atteint cette force que vers la quatrième ou la cinquième année. Ces boutures devront être faites en ligne dans un terrain frais. Des branches de deux et trois ans conviennent le mieux, et peu importe l'époque de leur mise en terre ; cependant l'automne paraît préférable.

**Bouleau commun**, *Betula alba* ( f. des amentacées). Les fleurs femelles du bouleau paraissent au commencement du printemps ; les mâles sont jaunâtres, et les femelles, du reste peu apparentes, sont vertes et donnent naissance à des espèces de petits cônes qui renferment les semences entre leurs écailles. Ces semences, selon la variété du sujet, ont atteint leur degré de maturité dans le courant de juillet ou d'août, suivant la précocité de l'espèce. Ces graines peuvent être conservées plusieurs années sans nuire à leur fécondité, ce qui permet de choisir le moment le plus opportun pour les mettre en terre. La graine doit être peu recouverte. Tous les sols lui conviennent, pourvu cependant qu'ils ne soient pas secs, trop compactes ou pierreux. Il est une autre espèce de bouleaux originaire de l'Amérique Septentrionale, qui mérite à tous égards l'attention des propriétaires. C'est le *Betula nigra*, géant des bouleaux, qui s'élève jusqu'à vingt-cinq mètres, et qui réussit, comme le bouleau de nos forêts, dans toutes espèces de terres. Son bois, quoique très léger, est meilleur que celui du bouleau commun. Il préfère certainement, comme toutes les essences, un sol généreux ; mais dans les terrains même médiocres, il donne de très beaux résultats.

### STRATIFICATION DES PETITES GRAINES.

Indépendamment des moyens de stratification des graines d'un certain volume, lorsque l'on voudra en conserver de plus menues, ou opérer sur de petites quantités, on pourra, tout en employant les mêmes moyens de conservation, les disposer dans des caisses qui devront être conservées dans des lieux secs sans être chauds.

### RÉSINEUX.

**Pin silvestre, P. d'Écosse, P. laricio,** *Pinus silvestris, P. rubra, P. corsica vel laricio* (f. des conifères). Les graines de ces conifères ne mettent pas moins de seize à dix-huit mois pour acquérir leur degré parfait de maturité. Les fleurs femelles paraissent à l'extrémité des jeunes pousses et sont ordinairement réunies plusieurs ensemble. Elles sont jaunes et rouges, et donnent naissance à de petits cônes qui ne s'ouvriront, pour laisser échapper les graines qu'ils tiennent renfermées, qu'aux premiers rayons solaires du deuxième printemps de la floraison. Il ne faut pas attendre cette époque pour les recueillir. Les mois d'octobre et novembre, qui précèdent ce printemps, sera le moment favorable pour la récolte des cônes, qui seront mis dans un endroit sec jusqu'en avril suivant, époque des semailles. Pour séparer les graines, on devra exposer les cônes soit au soleil, soit à la chaleur d'un four. Après cette opération, on les battra au fléau. Comme les pins ne supportent guère la transplantation, à moins de les semer dans des petits paniers, ce qui revient assez cher, il sera mieux de les semer de suite dans le terrain que l'on veut boiser.

Quelques forestiers sèment les cônes sans extraction des graines; mais ce mode est vicieux, parce que celles-ci ne sont pas également répandues, et que ce cône étant assez volumineux, ne peut être suffisamment recouvert de terre, ou il faudrait qu'elle fût bien ameublie, ce qui ne se présente pas souvent, puisque ordinairement les semis de cette nature se font dans des terrains engazonnés.

**Mélèze**, *Larix Europea* (f. des conifères). Je considère le mélèze, avec les trois conifères précédents, comme devant fixer l'intérêt des propriétaires, tant à cause de la rapidité de leur croissance que de la nature du sol où ils peuvent croître. Le mélèze fleurit vers le mois d'avril et donne aussi des fleurs mâles et femelles auxquelles succèdent des cônes qui n'auront élaboré les graines qu'ils contiennent qu'au printemps suivant. C'est durant l'hiver qu'il faut recueillir ces semences pour les mettre en terre les premiers jours de mai, après leur avoir fait subir la même opération qu'au pin silvestre, pour extraire les graines, ce qui sera plus facile à la vérité, les divisions du cône ayant moins de tenacité.

### OBSERVATIONS SUR LES SEMIS.

C'est ici le lieu de dire quelque chose qui me semble d'une assez grande importance, et qui s'applique à presque tous les semis. Tous ceux qui s'occupent de culture savent que le sol réunit plusieurs degrés de fécondité, et qu'un terrain épuisé par la présence d'un végétal quelconque fournira à un autre des éléments de prospérité; aussi, dans les champs destinés aux pépinières, doit-on éviter de semer deux fois de suite les mêmes essences, car il ne faut pas oublier que si les céréales veulent une culture alterne, les bois ne sont pas moins exigeants, et c'est certainement à cause de ce grand principe que nous voyons, dans nos forêts, les essences ayant une tendance constante à se substituer.

Si le terrain qui doit recevoir des semences n'est pas indifférent au succès qu'on attend, l'opportunité de faire les semailles ne l'est pas moins. Autant que possible on sèmera par un temps calme, afin de répandre les grains également, surtout pour les semences fines. Un temps pluvieux et couvert sera aussi un très bon indice de réussite. Les semis en ligne devront toujours être préférés, tant à cause de l'économie des graines que pour faciliter les binages dont les plants auront besoin.

Pour les binages à donner à toutes espèces de semis, la première année on se bornera à faire des ratissages très légers, afin de ne pas offenser les racines des jeunes plants, mais la deuxième et troisième année ils seront assez profonds.

Ayant indiqué dans ce paragraphe les modes préférables d'opérer les semis, c'est l'instant de dire quelques mots sur la nature et la préparation du terrain destiné à cet usage.

Le sol qui convient le mieux à la multiplication des espèces est celui connu sous le nom de terre franche ou sablo-argileux. Un terrain trop compacte ne serait pas favorable au développement des graines de la plupart des arbres, et rendrait les travaux de culture difficiles, exigerait des binages fréquents, se plomberait trop par les pluies, et, chose aussi fâcheuse, retiendrait outre mesure l'humidité. Trop léger, il aurait l'inconvénient non moins grave de nécessiter des arrosages fréquents durant les chaleurs, surtout la première année.

Au point de vue du pépiniériste, la fertilité du sol n'est jamais trop grande : plus les sujets végètent rapidement, plus tôt ils auront acquis leur force, plus tôt il en trouvera le débit et pourra donner une autre destination au terrain que le plant occupe. A moins que l'on ne veuille planter dans des terrains excellents, il y aurait désavantage à prendre des plants sortant d'un terrain trop généreux. En effet, ces mêmes plants qui ont pris pendant leur première croissance un développement proportionné à l'abondance de la nourriture qu'ils ont trouvée dans ce sol, lorsqu'ils changeront de position, surtout après une transplantation qui les prive momentanément du nombre et de l'action vitale de leurs chevelus, ne trouvent plus, dans leur nouvelle condition, les aliments nécessaires, je ne dirai pas à leur luxurieux accroissement, mais au maintien de leur existence. Combien de plants, sortant d'un sol trop fécond, ne meurent-ils pas dans les premières années de leur transplantation, ou, s'ils résistent, ne font que souffrir, durcir et traîner une existence pénible !

Il est donc désirable que le sol d'une pépinière ne soit ni trop ni trop peu généreux. Une moyenne fertilité est le terrain qui convient le mieux pour les semis de toutes espèces. Le bas prix, du reste, auquel les pépiniéristes livrent leurs jeunes plants, indique qu'ils ne leur coûtent pas très cher; et comme les plants provenant de leurs pépinières ne satisfont pas aux conditions premières, j'engagerai les propriétaires qui veulent faire des travaux de repeuplement, d'avoir une partie de terrain où ils éleveront eux-mêmes leurs plants. Cette pépinière devant être placée à proximité, il résulterait toutes sortes d'avantages d'un pareil arrangement : des plants qui ne coûteraient pas au delà de 3 à 4 fr. le mille, que les pépiniéristes vendent de 8 à 12, et la facilité d'avoir son plant au fur et à mesure des besoins.

Pour les végétaux ligneux de grandes espèces et pivotantes, il est essentiel, avant de semer, de faire des labours de quarante à cinquante centimètres de profondeur, et moindres pour les bois blancs, surtout ceux qui prennent leur nourriture à la surface du sol. Indépendamment de la défonce dont je viens de parler, et qui devra toujours précéder de quelques mois l'époque des semailles, pour donner au terrain le temps de s'assainir et de s'affaisser, il sera encore prudent de faire donner quelques binages pour l'ameublir.

L'exposition d'un lieu destiné à élever des arbres n'est pas chose indifférente au but que l'on veut atteindre. On doit en général préférer les positions qui sont abritées contre les vents violents, froids et desséchants, et contre toutes les influences qui peuvent arrêter ou retarder la marche de la végétation. Si on ne pouvait trouver de terrain convenablement exposé, on y pourrait suppléer en formant des rideaux de pins ou de toutes autres plantes, soit vivaces, soit annuelles.

Le sol qui doit recevoir des semences doit être disposé par bandes de 1 mètre 50 centimètres à 2 mètres de largeur sur une longueur indéfinie, en ayant la précaution, dans le cas où le terrain serait trop frais, de faire au pourtour de ces bandes des rigoles de quelques centimètres de profondeur, pour faciliter l'écoulement des eaux ; et si au contraire ce sol était trop sec, les bandes devraient être faites au-dessous du niveau du sol pour procurer aux plants l'humidité qui leur est nécessaire, ce qui ne dispenserait pas, la première année surtout, de faire quelques arrosages durant les grandes chaleurs.

## SECTION III.

### Repeuplement.

#### PRÉPARATION DU SOL.

Lorsqu'un propriétaire a des plantations à faire exécuter, soit dans des terrains qui n'ont jamais été boisés, soit dans les places vagues qui se trou-

vent toujours dans les forêts, et c'est surtout dans
ce dernier cas que la généralité des plantations se
font, puisque de notre époque on détruit plus de
forêts qu'on n'en crée, la plus grande économie à
indiquer lorsqu'on opère dans des sols gazonnés, la
plus belle économie, dis-je, c'est de faire des labours
à la bêche ou à la houe, qui ne doivent pas avoir
moins de 40 à 50 centimètres de profondeur, selon
la tenacité du terrain, en ayant soin de faire mettre
la couche supérieure dans le fond de la rigole et
de ramener la terre meuble à la surface. La pierre
d'achoppement de la majeure partie des propriétaires qui font des travaux de repeuplement, c'est
de vouloir en trop faire. Mieux vaut cent fois ne
planter qu'un hectare de bois et être assuré du
succès, que d'en planter deux et perdre le prix de
sacrifices considérables. Combien de propriétaires
j'ai vus découragés, attribuant à l'ingratitude du
sol ce qui n'était que le résultat d'une exécution
vicieuse ou imparfaite! Comment en serait-il autrement lorsque l'on voit de ces travaux exécutés par
des personnes sans expérience; lorsque l'on met
un jeune plant dans une terre imparfaitement préparée! Ce plant, faible par lui-même, ne pourra se
défendre contre les racines des végétaux qui n'auront pas été détruits, et qui viendront lui disputer
la nourriture dont il aura besoin, et pomper l'humidité du sol, si nécessaire à sa reprise.

Si le premier labour est souvent une cause de l'insuccès des plantations, les binages qu'elles doivent recevoir plus tard ne contribueront pas moins à leur prospérité. Par le défaut de ces binages, les végétaux parasites viennent envahir le terrain, soustraire les jeunes plants aux influences atmosphériques, et absorber les sucs nourriciers ; toutes causes qui doivent amener la ruine d'une plantation, ou au moins la retardent considérablement. Dans toutes circonstances on doit continuer les labours jusqu'à ce que les plants couvrent parfaitement le sol et se défendent eux-mêmes.

Des forestiers cependant, par motifs d'économie, conseillent des labours à la charrue. Pour moi, je consacre un autre principe, et j'oserai affirmer que des économies de cette nature sont la ruine de ceux qui les pratiquent. Dans la généralité des cas, l'utilité des labours profonds me paraît si bien démontrée, que je les considère comme un accessoire indispensable du succès. J'ai fait des défonces d'un et deux pieds dans lesquelles j'ai mis le même plant. La troisième année, les plants de la défonce la plus profonde avaient pris un développement double de ceux du terrain moins bien préparé. On me répondra que toutes les localités ni les terrains ne se ressemblent pas, et je le sais bien. Je dirai pourtant que les sols qui m'ont servi à faire des essais avaient un très mauvais fonds, et dans les deux cas ils étaient de même nature. S'il s'agissait de terrains cultivés depuis longtemps ou de sols mobiles, tels que sables, ou de terrains susceptibles d'être entraînés par les eaux, on se contenterait de gratter la superficie, et, s'il en était nécessaire, fixer ces terrains au moyen de haies sèches ou de plantes annuelles, afin d'abriter les plants ou les semences contre tous événements. Partout où j'ai vu des défonces bien faites et les binages continués assez longtemps, la réussite était toujours en raison de l'exécution.

Il est encore urgent, lorsqu'un terrain est défoncé, de le laisser une ou deux années avant d'y mettre le plant, afin de laisser aux terres le temps de s'affaisser ; aux gazons et aux débris des végétaux, le temps de pourrir. Si on plante aussitôt après le labour, les gazons tiennent les terres soulevées, et les eaux qui doivent favoriser le développement du chevelu étant précipitées aussitôt leur chute, les plants resteront soulevés, et souffriront plus ou moins de cet état. Dans l'espace qui doit séparer le moment de la défonce à la plantation, il sera utile de donner quelques binages, afin d'ameublir le sol ; et pour couvrir ces dépenses, on peut semer des pommes de terre ou d'autres plantes, que j'ai vues, dans des conditions semblables, donner de très beaux produits. Selon la main d'œuvre des localités, un hectare de bois, y compris les travaux

d'entretien, ne coûte pas moins de 5 à 700 fr. d'é-
tablissement.

### REPEUPLEMENT PAR MARCOTTES.

Il est deux modes de repeuplement peu pra-
tiqués, et qui cependant, par le peu de frais qu'ils
coûtent, par la facilité et par leur opportunité dans
certains cas, doivent fixer l'attention des propriétaires.

On entend par marcotte ou provin, un rameau
que l'on introduit dans une terre suffisamment
préparée.

On peut employer ce moyen pour repeupler des
vides qui se rencontrent dans l'intérieur des massifs
et où il serait difficile de pouvoir mettre des plants
enracinés, à cause des bois voisins qui viennent
les étouffer avant qu'ils ne soient repris. La marcotte consiste à prendre sur une souche mère, et
sans les détacher, des rameaux de trois à quatre
ans, encore flexibles, auxquels on fait une ligature
en fil de fer ou une incision annulaire d'un à deux
centimètres de largeur à la partie du rameau qui
doit se trouver en terre, et que l'on couche dans
une rigole de six pouces de profondeur, en les tenant assujettis avec le pied, et en relevant l'extrémité supérieure hors de terre. Cela terminé, il ne
restera qu'à remplir la rigole, en prenant d'abord
la terre la plus meuble. Pour que la marcotte ou

le provin réunissent des conditions de succès, il
faut éviter de prendre les jets inférieurs ou mal venant ; car ne recevant plus ou presque plus de nourriture de la souche, ils ne tarderaient pas à mourir. Le brin vigoureux doit être préféré, et pour lui
fournir plus de nourriture, on devra débarrasser la
mère des bouches inutiles qu'elle pourrait porter.

On comprendra l'utilité de la ligature ou de l'incision dont je viens de parler, quand on saura que
les fluides séreux ont deux mouvements de circu-
lation bien distincts l'un de l'autre. Leur ascension
se fait en traversant tous les organes composés de
tissus vasculaires, tandis qu'ils descendent à peu
près exclusivement par le tissu cellulaire de l'é-
corce. Cette incision a donc pour but de présenter
un obstacle au passage de ces fluides, lorsqu'ils
descendent dans les profondeurs de la terre, et de
provoquer le jet de radicules qui viendront alimenter la marcotte.

L'exécution de l'autre mode est encore plus
facile. puisqu'il ne consiste qu'en ceci : lors des
exploitations, au lieu de faire abattre les vieux
arbres à taille blanche, on les fait abattre en pivot,
sans autre soin que de laisser le trou ouvert et
d'ôter les terres qui pourraient masquer le collet
des racines ; mais préférablement on fait abattre
les arbres à ras le sol, et durant les mois de mars
et d'avril on fait passer un ouvrier porteur d'un

hoyau, qui mettra à découvert les racines qui se trouveront le plus près de la surface du sol, dans une longueur variable de 30 à 80 centimètres, auxquelles il pratiquera de légères plaies pour provoquer un jeu de sève qui amènera des adventices. La première ou la deuxième année (pour les essences au moins qui ne présentent pas de difficultés particulières), il jaillira une infinité de jets qui formeront plus tard des souches nouvelles. Tous les arbres ne repousseront pas certainement; mais la majeure partie donnera des résultats satisfaisants.

Il est encore une marcotte peu connue et qui pourrait cependant être pratiquée avec avantage, puisqu'il suffit seulement de prendre des racines de toutes grosseurs et de toutes essences, de les couper par tronçons de 2 à 3 décimètres de longueur, et de les mettre, le gros bout en haut, dans une terre convenablement préparée, en laissant dépasser les extrémités de quelques centimètres. La première ou la deuxième année, beaucoup se couvriront de rameaux vigoureux.

J'ai fait des marcottes de tous genres et de toutes essences, qui se sont toutes enracinées de la première à la troisième année.

### PRÉPARATION DU PLANT.

Les plants que l'on destine au reboisement ou à

la formation de forêts nouvelles, doivent avoir un bon chevelu, ce qui n'a lieu que dans ceux qu'on tire des pépinières. Le plant tiré des massifs de forêt vaut toujours moins qu'il ne coûte. Il n'a point de chevelu, souvent il est très vieux et habitué à un ombrage épais; mis en plein air, il se couvre de mousse, durcit, vieillit avant l'âge, et n'a jamais la vigueur du plant de pépinière.

Les plants doivent être arrachés avec beaucoup de soin, et toutes les racines conservées, puisque leur reprise est en raison de cette condition. Le pivot surtout doit être conservé assez longtemps, à moins qu'il ne s'agisse de bois blancs ou de plantations à faire dans des terrains peu profonds; mais dans ce cas même, il est préférable d'en laisser plus que moins. L'écorce, particulièrement, et les branches ne doivent pas être offensées, quoique cependant des forestiers les coupent à fleur de terre aussitôt planté. Dans l'un comme dans l'autre cas, le plant donne à peu près les mêmes résultats; pourtant celui dont l'ablation des branches n'a point été faite est d'une reprise plus facile, et il doit en être ainsi, puisque les végétaux tirent de l'atmosphère des gaz et des fluides qui leur sont nécessaires. On peut donc supposer que le plant qui se trouve pourvu de ses organes aspiratoires, réunit plus de chances de succès.

Les plants ne doivent être tirés des pépinières

qu'à mesure de leur emploi ; et dans le cas où cette
pépinière serait éloignée et qu'on serait forcé d'en
arracher au delà de ce qui pourrait être planté dans
un jour, on devra le mettre en rigole et ne l'en tirer
que par partie. Si on était forcé d'expédier à quelque distance, soit du plant ou des arbres plus forts,
on devra envelopper les racines , et ne jamais les
arracher et les faire voyager durant les gelées. Si
le séjour hors de terre était trop prolongé, avant
de les planter on devra les immerger vingt-quatre
heures dans l'eau, pour ramollir les racines.

#### DOIT-ON PLANTER AVANT OU APRÈS L'HIVER ?

La question de savoir si on doit faire les plantations avant ou après l'hiver, divise encore quelques
forestiers. Ce ne devrait pas être cependant l'objet
de ce désaccord , si l'intérêt du pépiniériste d'un
côté, l'ignorance de l'autre, n'avaient pas mis beaucoup de propriétaires dans le doute.

La plantation précoce, disent avec raison les jar-
diniers, avance le sujet d'une année. Avant l'hiver
on est à peu près sûr d'avoir le premier choix dans
les pépinières qui n'ont pas encore été parcourues.
A cette époque, quoique les chaleurs atmosphériques paraissent diminuées, la terre conserve encore une chaleur intérieure, et cette chaleur pro-
voque plus facilement la fermentation. Au mois
d'octobre, les pores des racines , comme ceux du

tronc et de la tige, sont encore dilatés, et ont conservé, par conséquent, une plus grande force d'at-
traction que si les gelées étaient venues les con-
denser. Nécessairement à cette époque les racines
sont encore imbibées des sucs végétaux ; elles re-
produiront plus facilement du chevelu, et seront
plus disposées, au printemps, à donner de vigoureux
rameaux. Les plantations du printemps sont souvent saisies par les hâles et les chaleurs qui dessèchent le terrain et le plant, et un grand nombre
de racines meurent ; si le plant lui-même n'éprouve
pas le même sort, il souffre, durcit, et fait en cinq années ce qu'il aurait fait en deux, planté à l'automne.

L'indice le plus certain de commencer les plantations, c'est lorsque les feuilles jaunissent, se dé-
tachent facilement, et que le bourgeon est bien
mûr. Cependant s'il s'agissait de planter dans des
terrains inondés, sur le sommet ou sur un point
des hautes montagnes, ou encore que l'on eût à
planter des arbres sensibles aux gelées, il faudrait
attendre le retour du printemps ; mais dans des
terrains un peu sains, et surtout secs, c'est une
hérésie que d'attendre des causes de non succès
pour planter.

### EXÉCUTION DES PLANTATIONS.

Avant de passer à l'exécution d'une plantation,
on aura dû, si les localités l'exigent, établir les

routes, soit de vidanges, d'agrément ou d'assainissement, ainsi que les fossés qui pourraient servir
à l'écoulement des eaux.

L'âge du plant n'est pas non plus indifférent à la
réussite d'une plantation. Mieux vaudrait un plant
de quatre ou de cinq ans que de deux ans ; car le
plant trop jeune n'est pas suffisamment garni de
chevelu, et n'est pas assez dur pour résister aux
gelées ou à l'impression de l'air. Le plant de trois
à quatre ans est celui qui convient le mieux. La
distance à laquelle on doit planter les arbres varie
beaucoup et ne peut guère être indiquée. Le propriétaire ou le forestier devra la régler après un
examen attentif des lieux et des circonstances locales, et surtout encore de l'essence à planter, ou
du moins de celles qui doivent dominer. Les avenues
ou les arbres de lisières sont plantés ordinairement
à trois, quatre, ou même cinq mètres de distance ;
la futaie à deux ou trois, et les bois destinés à être
coupés en taillis, à un mètre. Mieux vaut planter
trop serré que de tomber dans l'excès contraire,
puisque l'on sera toujours à même de faire des suppressions souvent forcées, pour enlever les sujets
mal venant et défectueux. La plantation rapprochée
a encore l'avantage de couvrir mieux et plus vite le
sol, et de se défendre des gelées, des sécheresses
et des plantes parasites.

Le mode le plus ordinaire de planter les arbres

ou les plants destinés à être exploités en taillis, c'est
de les mettre en ligne, afin d'en faciliter la culture, en les espaçant comme je l'ai dit. La plantation en quinconce est généralement préférée. Elle
consiste à mettre le deuxième rang en face des in-
tervalles laissés par le premier, de sorte que les
cimes, comme les racines, se trouvent plus à l'aise.
On reproche à cette plantation de s'opposer à l'introduction de l'air et de la lumière dans l'intérieur
des massifs ; mais je crois que cette considération
ne doit pas arrêter, puisque, plus tard, la déviation
soit des cimes, soit des souches, finira toujours
par absorber les vides qu'aurait laissés la plantation en ligne sur toutes faces.

Dans les versants comme dans les terres sèches,
s'agirait-il même de résineux, il serait prudent de
planter en rayons ; opération qui se fait en pratiquant, à travers les montagnes, des rigoles de 50
centimètres de largeur sur 30 de profondeur, en
mettant le plant dans la partie la plus basse. La
main-d'œuvre n'est pas au-dessus de 10 à 15 francs
par hectare. Ce mode de plantation peut être heureux en ce sens, que les rigoles retiennent l'humidité, que les binages rechaussent le plant, et qu'elles offrent un obstacle aux eaux qui pourraient
entraîner les terres et le déraciner. Ces localités
étant toujours soumises à toutes les influences des-
tructives de l'atmosphère, on doit paralyser leurs

effets par des rideaux d'arbres verts convenablement distribués.

### SUR LE CHOIX DES ESSENCES.

Le propriétaire qui a la volonté de boiser un
terrain doit, avant d'exécuter, examiner attentive-
ment la nature du sol pour s'assurer de son degré
de fertilité, de sa profondeur et de son exposition.
Cet examen est indispensable pour faire le choix
des essences qui offriront la plus grande chance de
succès, tant sous le rapport de la richesse de leurs
produits, que des besoins des localités et de leur
croissance. Rien ne serait plus contraire à une
saine économie que de mettre dans un terrain des
essences qui n'y prospèreraient pas, ou qui donneraient de faibles produits ; le moindre événement
qu'on pourrait attendre de cet anachronisme, ce
serait de voir disparaître en quelques dizaines
d'années, des plantations qui auraient pu prospérer
durant des siècles, faites dans des conditions rai-
sonnables. Mais si on ne doit pas demander au sol
ce qu'il ne peut produire, on ne doit pas non plus
mettre des essences du dernier ordre là où le chêne,
le châtaignier, etc., donneraient un revenu plus
considérable.

### SUR LES ESSENCES.

**Le Chêne.** Le chêne, ce géant de la végétation
européenne, est l'arbre le plus utile de nos forêts.

On en tire le bois de construction civile, militaire
et maritime; du bois de chauffage de bonne qualité, surtout lorsqu'il est coupé en taillis de vingt à
quarante ans; du charbon excellent, du tan, des
glands qui servent de nourriture aux porcs; du
liége, des matières tinctoriales, et quelques espèces fournissent un aliment pour l'homme. Le chêne
se trouve partout sur le globe, et ses variétés sont
très nombreuses; mais elles n'offrent pas toutes
au forestier le même intérêt. Quoique le chêne se
rencontre dans toutes les latitudes comme dans
tous les terrains, tous ne lui sont pas également
propres. Les terrains argilo-sableux, les terres
franches et profondes, à cause de son pivot, sont
ceux où il atteint son plus grand développement.

Les sables profonds et frais, les glaises, des terrains pierreux, mais qui ont un bon fond, lui conviennent aussi; mais dans ces différentes conditions, le chêne ne pousse vigoureusement que
jusqu'à l'âge de vingt à trente ans; c'est donc en
taillis qu'on devra l'y exploiter, puisqu'en futaie
il s'élèverait peu et donnerait un produit moindre.
J'ai vu des chênées dans des sables très fluides,
mais profonds, coupées à vingt ans, se vendre
1,000 francs l'hectare.

Parmi les variétés qui peuvent être indiquées,
et qui offrent de l'intérêt tant à cause de la nature
du sol où elles peuvent prospérer, que de la qualité

excellénte de leur bois, je citerai le chêne tauzin (*Q. tauza*), le chêne de montagne (*Q. montana*), qui réussissent dans les terres pierreuses, dans les montagnes et sur leurs sommets. Ces deux variétés sont donc très précieuses lorsqu'il s'agit de boiser des terrains arides ou montagneux.

**Hêtre.** Quoique le bois du hêtre soit inférieur en qualité à celui du chêne, il est pourtant d'une grande utilité. Les forts arbres sont employés à faire des établis de bouchers et de menuisiers, etc., des bois de colliers pour chevaux, des planches pour la menuiserie, des pelles, des bois de soufflets, des sabots, des vases de toutes sortes, et une infinité de jouets d'enfants. Il fournit du charbon et du bois de chauffage de bonne qualité ; son fruit donne une huile d'assez bonne qualité lorsqu'elle est convenablement préparée. Le bois de hêtre, exposé à l'air, se décompose assez promptement ; mais sous l'eau et dans des terres humides, il se conserve très longtemps. Dans ces conditions, j'en ai vu qui était enterré depuis quatre-vingts ans, qui avait acquis la dureté de la pierre.

Les terrains médiocres, pierreux, s'ils sont assez perméables ; un sable un peu gros, quand il n'aurait pas beaucoup de fond ; une exposition au nord ou au couchant, sont les conditions les plus favorables à la prospérité du hêtre. Dans ces diverses situations, j'ai mesuré des hêtres qui n'a-

3.

vaient pas moins de 40 mètres, dont 35 sans branches. Le hêtre a quelques variétés qui ne sont
guère du domaine de la sylviculture.

**Châtaignier.** Le châtaignier commun peut être
considéré encore comme un des arbres le plus précieux de nos forêts. Son port majestueux et élégant,
sa hauteur et sa grosseur, la qualité de son bois et
de ses fruits, et la facilité qu'il a de croître dans
des terrains où d'autres ne végéteraient que mé-
diocrement, sont autant de considérations qui le
recommandent à l'intérêt des propriétaires. Le
châtaignier est employé avec succès dans la char-
penterie, puisqu'on en retrouve dans tous nos mo-
numents historiques, dans la menuiserie; et lorsqu'il est coupé en taillis de huit à vingt ans, on en
fait des échalas pour le soutien des vignes, qui résistent plus longtemps que ceux de chêne; des lattes, du treillage et des cerceaux d'une excellente
qualité. Comme bois de chauffage, il est médiocre,
donne peu de chaleur, noircit et dégage des bulles
d'air en brûlant, qui ne sont pas sans danger pour
les appartements.

Les terrains légers et perméables, les coteaux et
les montagnes pierreuses et rocheuses, s'ils ne
sont pas exposés au nord, conviennent au châtaignier. Son bourgeon souffre souvent du retour des
gelées au printemps; mais on peut en faire disparaître les effets au moyen de lisières de grands ar-

bres, surtout de résineux, ou des rangs de bois
blancs convenablement distribués, On ne peut cultiver le châtaignier dans des terrains bas, humides
et froids. J'ai vu des tailles de châtaigniers, coupés
à dix ans, se vendre 1,500 francs l'hectare. Les
propriétaires voisins des vignobles ne doivent rien
négliger pour introduire, dans leur propriété, un
bois aussi productif, ainsi que le robinier, dont je
vais parler.

**Robinier.** Le robinier est un arbre introduit en
France depuis deux cent cinquante ans, où il est
parfaitement acclimaté. Comme utilité et comme
agrément, c'est un arbre précieux. Il s'élève à 25
ou 30 mètres. Il se multiplie de graines et de drageons; il croît plus rapidement que tous les bois
durs. J'ai vu des drageons d'une année de végétation avoir jusqu'à 4 à 5 mètres. Malgré sa croissance rapide, son bois est très dur et très élastique. On l'emploie dans les ouvrages de tour, dans
la carrosserie, qui en tire des raies; et la construction pourrait en tirer de belles pièces de bois,
s'il n'était pas aussi cher et aussi lourd. On emploie encore le robinier à faire des palissades et
des échalas qui durent plus longtemps que tous
ceux fabriqués avec d'autres bois. Le robinier a
produit une variété non épineuse, qui doit être
préférée, puisqu'en réunissant les mêmes qualités,
elle offre celui d'être plus facile à manier. Le faux

acacia doit être planté seul ou avec des essences qui poussent aussi vigoureusement que lui, telles que le vernis du Japon (*eylanthus glandulosa*), les saules, etc., car il exclut tous les bois durs.

Des forestiers reprochent au robinier de ne pas se conserver longtemps sur souche, lorsqu'il est coupé en taillis ; mais, probablement, ils n'ont pas fait d'exploitation de robiniers, car ils auraient reconnu que si les jets ne sont pas nombreux au collet de la souche, il n'en est pas de même aux environs : cinquante drageons auront jailli des racines, et donneront cinquante souches pour une. Du reste, que l'on arrache le robinier sans autre soin que de laisser le trou ouvert, la même année, il sortira plus de sujets qu'on en voudrait avoir.

Le robinier se contente de tous les sols, pourvu cependant qu'ils ne soient pas trop pierreux à leur surface, où il prend sa nourriture, car il est traçant. Le robinier étant sensible aux gelées, lorsqu'il est jeune, on ne doit le transplanter qu'après l'hiver.

Un taillis d'acacia, coupé de douze à vingt ans, peut rapporter autant que le châtaignier. J'en ai coupé de petites parties de douze ans qui ont rapporté de 15 à 18 francs l'are.

**Orme.** L'orme est le meilleur des bois pour le charronnage, la construction des machines, et surtout celles plongeant dans l'eau ; il donne le meilleur combustible et un charbon excellent. Il en existe plusieurs variétés, parmi lesquelles je citerai le tortillard, dont le bois est très nerveux et d'une fente presque impossible, qualité qui le fait préférer par les charrons pour l'établissement des moyeux de voitures et de plusieurs autres pièces de machines ; son prix est beaucoup plus élevé que celui de toutes les autres espèces. Il demande une terre forte, grasse et humide. L'orme commun est peut-être moins difficile, sur la nature du sol, que le tortillard, car j'en ai vu dans des sables clairs, mais profonds, qui végétaient très bien, surtout en taillis. L'orme n'est guère cultivé que dans les plantations en avenue, quoiqu'il donne d'assez beaux produits planté en taillis. Si un propriétaire avait des terrains où le tortillard pût réussir, à cause du prix élevé de son bois, il devrait lui donner la préférence.

**Frêne.** Le frêne commun a donné naissance à une infinité d'autres espèces, dont quelques-unes méritent l'attention du forestier, tant à cause de la qualité de leur bois que de la nature du sol où elles croissent. Parmi celles-ci, nous avons le frêne rouge (*F. tomentosa*), qui prospère dans les terrains presque continuellement inondés. On lui reproche une végétation lente, et de ne pas s'élever au-dessus de 20 mètres. Le frêne noir (*F. sambucifolia*), qui végète aussi dans des terrains couverts d'eau ; le frêne blanc (*F. abla*), qui s'élève à 25 à 30 mètres, mais qui préfère un climat froid. Le frêne commun croît spontanément dans nos forêts, s'élève jusqu'à 30 mètres ; son bois est blanc généralement, et présente quelquefois de très belles veines, surtout à la naissance des racines et dans les parties ondulées de quelques sujets, ce qui le fait rechercher par les tourneurs ; il est liant et très élastique. On l'emploie à un grand nombre d'ouvrages ; on en tire des pièces de charronnage qui ont besoin d'un grand ressort, comme des brancards et des limons de voitures de toutes espèces. Le motif qui empêche de l'employer dans la contruction, c'est qu'il est sujet à la vermoulure. Coupé en taillis, on en fait des cercles de tonneaux et de cuves, et d'excellents treillages. Il donne un assez bon chauffage et un charbon passable. C'est sur ses feuilles que l'on trouve la cantharide (coléoptère employé en médecine).

Le frêne réussit partout, excepté dans l'argile, où il se couvre d'ulcères et ne s'élève pas ; le sol qui lui convient le mieux est celui nommé limonosableux, un peu gras et humide. Les sables mêlés à des détritus de végétaux lui conviennent aussi.

Au printemps, les jeunes pousses du frêne, mangées par les vaches, leur causent des inflammations des organes digestifs, connues sous le nom de mal de jets de bois.

**Charme.** Le bois du charme fournit un très bon charbon et un excellent chauffage. Il est employé pour les machines, les instruments et outils de tous genres, par les formiers et par les carriers pour faire des rouleaux. Le charme forme des haies épaisses, et qui durent des siècles. On en fait aussi de très belles avenues et des couverts agréables. Le charme demande un bon fond, et ne doit guère être conservé en futaie à cause de sa croissance lente, de son chevelu nombreux et de l'épaisseur de son feuillage, qui excluent tous les végétaux qui l'entourent. Préférablement, le charme doit être exploité en taillis de quinze à vingt-cinq ans.

**Platane,** *Platanus* (f. des amentacées). Le platane n'est pas généralement connu pour ce qu'il vaut. Sauf pour la fente, son bois peut être employé aux mêmes usages que celui du hêtre, et vaut mieux que ce dernier comme combustible et comme végétation; car, en peu de temps, il atteint des dimensions considérables. J'en ai vu, de soixante-dix ans, qui n'avaient pas moins de 30 mètres, et qui cubaient 25 décistères sans leurs ramilles. Il donne un très bon charbon, et comme bois de chauffage il vaut mieux que le hêtre. Exploité en taillis, la souche donne, la même année, un grand nombre de jets qui n'auront pas moins de 3 à 4 mètres la deuxième. Le platane se multiplie de semences, de boutures et de marcottes. Les semis croissent as-

sez lentement et craignent la gelée, ce qui oblige
de les abriter, et de ne les transplanter qu'après
l'hiver.

Quant aux sols qui lui conviennent, pourvu qu'ils
ne soient pas trop pierreux, il réussit partout. Une
exposition au nord lui conviendrait moins bien que
le midi. J'ai vu de très beaux platanes dans de très
mauvais sables.

**Bouleau**. Le bouleau commun, et plusieurs autres variétés, est peut-être l'arbre le plus précieux
du globe. On le rencontre dans tous les lieux
comme dans toutes les latitudes. Il prospère dans
le terrain sec et aride comme dans le plus humide.
Il a un port très léger et élégant; son feuillage
comme ses racines ne nuisent en aucune façon aux
végétaux qui l'entourent. Ce précieux végétal est le
protecteur naturel de toutes les essences, ce qui
devrait le faire admettre dans toutes les plantations,
en lui faisant occuper une place tous les quinze à
vingt mètres. Le bois du bouleau est loin, certainement, de valoir celui du chêne; mais il n'est pas
moins utile. Il sert à la petite charpente, à la menuiserie. De sa sève on tire une liqueur spiritueuse
et saccarine; de son écorce une huile odorante, qui
est employée comme préservatif des peaux contre
les insectes; on en fait des tabatières et du tan que
l'on emploie à donner au cuir la dernière couleur.
On en tire un chauffage précieux pour la boulange-

rie et les usines, et de ses rameaux on fabrique des balais qui ne sont pas moins bons qu'utiles à la propreté de nos grandes villes.

Exploité en taillis, on reproche à la souche du bouleau de ne pas durer plus de trente-cinq à quarante ans. Pour perpétuer une bouleautière, il faut d'abord qu'elle soit garnie de porte-graines et de deux coupes l'une, faire donner un labour dans le mois de mars qui précédera la deuxième année de l'exploitation. Les graines répandues lèveront à l'abri du taillis, et les semis n'auront plus qu'à croître aussitôt la coupe faite.

**Saule et Aune.** Le saule et l'aune aiment les terrains frais et inondés ; les marais, les berges des étangs et des rivières, sont les lieux qui leur conviennent, et où ils sont très utiles pour affermir les terres et les maintenir. Le saule boursault croît naturellement dans nos forêts, et donne des produits abondants. Le bois de l'aune est plus précieux que celui du saule. On l'emploie dans les travaux hydrauliques parce qu'il se conserve longtemps sous l'eau ; les tourneurs en fabriquent des chaises brutes et des échelles. Il donne un assez bon chauffage et un charbon passable. Son écorce donne une teinture noire. Ces deux végétaux ont des variétés qui n'offrent guère d'intérêt au forestier.

**Tilleul, Merisier et Érable.** Le bois de ces trois arbres est employé par les menuisiers, les ébénistes, les tourneurs et les luthiers. L'érable, surtout, reçoit un beau poli, et est susceptible de peu de retrait en séchant. C'est aussi de son bois que l'on fait les manches de fouets. Le tilleul forme des avenues et des couverts impénétrables. Il peut être transplanté très vieux. Ces trois beaux végétaux ligneux méritent d'occuper une certaine place dans l'économie forestière. Pour le choix du terrain, je renverrai à l'article SEMIS ET PÉPINIÈRES. Mais le tilleul, surtout, réussit très bien dans les sables de médiocre fertilité.

**De quelques arbres et arbustes utiles.** Si les sujets dont nous allons nous occuper ne doivent pas tenir, dans nos forêts, une aussi grande place que ceux de premier ordre, il serait à désirer qu'ils y trouvassent un coin, un réduit, la plupart étant d'un usage très fréquent dans les arts comme dans notre industrie.

Parmi ceux qui offrent le plus d'intérêt, et qui croissent dans nos forêts spontanément, j'indiquerai les *aliziers* (*cratægus*, f. des rosacées), qui ressemblent au sorbier, et dont le bois conserve bien la couleur qu'on lui donne, qui est susceptible d'un beau poli, et qu'on emploie dans les usines. On en fait des flûtes, des montures d'outils de tous genres. Ils fournissent un bon charbon et un combustible qui peut être comparé à celui de l'orme. De ses fruits on fait une boisson fermentée, d'un goût

acidulé qui n'est pas désagréable On multiplie l'a-
lizier de graines, de greffes et de marcottes ; le
*sureau*, dont on fait des tabatieres, etc., lorsqu'il
est assez fort ; le *cornouiller*, des degrés d'échelles
et un bon charbon ; le *cytise*, l'*aubépine*, le *houx*,
qui se vendent très bien lorsqu'ils ont de la grosseur ; l'*argousier* (f. des thymelées), arbrisseau
épineux qui jette une grande quantité de rejetons,
ce qui le rend propre à fixer les terres le long des
torrents ; le *néflier*, le *nerprun*, qui peut être conservé dans nos forêts, et se vend pour la fabrication de la poudre, et qui fournit encore un purga-
tif employé dans la médecine animale ; le *chèvre-
feuille*, l'*arbousier*, le *sumac*, le *savonnier*, le *lycier*
commun, qui est propre à fixer les sables mouvants;
le *buis* (f. des euphorbiacées), dont le bois sert aux
graveurs, aux tourneurs, aux tabletiers, etc., et
mériterait, à cause du prix élevé de son bois, d'occuper une certaine place dans nos forêts, et cependant il disparaît à mesure certainement que son
emploi augmente. Le buis se plaît à l'ombre, ce
qui permettrait de le cultiver le long des routes ou
sur les lisières des forêts. Il demande un sol un
peu frais sans être argileux. Il se multiplie de
graines, mais préférablement de boutures ; le *noisetier*, qui est propre à faire des cercles et des liga-
tures de balais; l'*osier jaune et rouge*, variétés de
saule, sont d'un grand usage pour la vannerie. Ils

se multiplient préférablement de boutures ou de tronçons de 15 à 20 centimètres, que l'on fiche en terre le gros bout en haut. Tous les sols leur sont propres, mais ils végètent mieux dans un terrain frais. Je les ai vus, dans des sables très mauvais, donner de très beaux produits ; le *saule* des sables (*salix arenaria*), dont le nom indique son usage et le terrain où il croît. Il est propre à fixer les sables ; le *saule hélice*, qui fournit des harts très souples ; le *fusain*, dont le bois, carbonisé, sert aux dessinateurs et à la fabrication de la poudre.

### RÉCÉPAGE DES PLANTATIONS.

Les plantations, par sujets enracinés, sont assez généralement coupées à ras de terre lorsqu'arrive la troisième ou la quatrième année, selon la force des plants. Cette opération n'est pas toujours nécessaire, surtout lorsque le sujet est bien venant, vigoureux et que sa tige prend une bonne direction. Dans la généralité des cas, cependant, surtout lorsque la plantation est destinée à être exploitée en taillis, l'opération est nécessaire afin de former la souche. Pour ne pas ébranler les sujets ou rompre les racines du collet, on doit éviter de se servir de cognée ou de serpe, et la section de la tige devra être faite au moyen de forts sécateurs. Le moment opportun pour faire ce récépage est celui qui se rapproche le plus du mois de mars. Cette opération a pour but d'obtenir un bourgeon vigoureux qui remplacera les premières pousses qui sont souvent maigres et rabougries. Dans les plantations destinées à être coupées en taillis, cette amputation est toujours utile, seulement elle ne devra être pratiquée que lorsque les plants auront 8 à 9 centimètres de pourtour; tous ceux qui n'auraient pas cette grosseur doivent être conservés et récépés plus tard, car si ceux-ci ne sont pas forts, c'est qu'ils n'ont pas beaucoup de racines, et les couper dans cet état, ce serait risquer de les faire périr ou leur canser un retard inutile.

## REPEUPLEMENT PAR GRAINES DES ARBRES A FEUILLES CADUQUES.

Le moyen le plus naturel de repeuplement, et auquel certainement nous devons toutes nos forêts et leur conservation et qui est au moins aussi heureux, sinon préférable, au repeuplement par plants enracinés, c'est celui qui consiste à faire les semis dans les parties que l'on veut boiser, pour éviter une transplantation et des frais de pépinière. Dans les premières années de la végétation, les semis en place se laisseront dépasser par les plants enracinés; mais dès qu'ils seront garnis de leur chevelus, ils ne tarderont pas à leur tour de dépasser ces der-

niers, et d'avoir toutes les apparences de la prospérité. Le semis est droit, robuste, plus sain que
le plant de transplantation, et est appelé à une existence plus longue. Pour les semis comme pour le
plant enraciné, il faut que le sol ait reçu la même
préparation et quelques binages avant d'y mettre
les semences afin de l'ameublir. Dans des terrains
de bonne qualité, garnis de porte-graines, on peut
repeupler à peu de frais. Lorsque ces arbres sont
chargés, ont attend la maturité des graines et leur
chute, et aussitôt on fait donner de grossiers labours pour couvrir la semence, et on attend le résultat, qui est souvent très heureux. Pourtant il
ne faudrait pas opérer sur un terrain trop enga-
zonné, car ce serait en pure perte.

Pour faciliter les labours ultérieurs et pour dis-
tancer convenablement les sujets, les semis en
place devront toujours être faits en ligne. Lorsqu'on
voudra faire des repeuplements soit en plants enracinés, soit de semis, on devra faire arracher les
gros arbres, même en bois blanc. Jamais je n'ai pu
élever un plant sous leur ombrage, et cela ne doit
pas surprendre : le feuillage de ces grands arbres
et leurs nombreuses racines ne laissent pas par-
venir l'air ni la lumière jusqu'aux jeunes plants,
ou absorbent à eux seuls la nourriture et l'humidité nécessaires à leur succès. Lors des défonces
dans les clairières, on doit approcher fortement

les souches voisines, sans craindre, en coupant de
leurs racines, de les faire mourir. Peut-être la première année souffriront-elles un peu de ces suppressions ; mais la deuxième, trouvant une terre
fraîchement remuée, elles s'élanceront et ne tarderont pas à dépasser celles qui n'auraient pas été
traitées ainsi ; mais en attendant que leurs nouvelles racines aient atteint la position qu'elles pou-
vaient occuper avant, les jeunes plants seront enracinés et marcheront de front avec elles. Lors des
travaux de repeuplement, on doit sacrifier les essences qui ont une valeur relativement inférieure,
et les remplacer par de plus riches.

### REPEUPLEMENT PAR ENTREPRISE.

Je terminerai l'article du repeuplement des forêts
par un avertissement aux propriétaires en leur
disant que jamais ou très rarement ils n'auront à
se louer des travaux de repeuplement qu'ils feraient
faire par entreprise ; car en agissant ainsi ils donnent accès chez eux à des intérêts opposés aux
leurs, et les moindres conséquences qui peuvent en
résulter, c'est d'avoir à se plaindre des défonces,
de la qualité des plants, de la mauvaise exécution
des plantations, des binages mal faits ou faits à
contre-temps. On répondra qu'ordinairement les
entrepreneurs garantissent leur plantation : oui,

lorsqu'elles réussissent bien; autrement ce sont des procès fort ennuyeux.

## SEMIS DE CONIFÈRES.

La culture et l'éducation des résineux est encore une conquête que l'économie forestière est appelée à compléter, et qui doit un jour augmenter la richesse de notre sol. Combien de terrains jusqu'ici considérés comme stériles dans lesquels ce précieux végétal pourrait être cultivé avec succès ! Quelques espèces végètent dans des terrains des plus rétifs ; sur la cime et sur le penchant des plus hautes montagnes, là, où la végétation est presque nulle pour le plus grand nombre des plantes du règne végétal. Les conifères sont précieux non seulement par l'excellence de leur bois et des produits accessoires que l'on en tire, mais encore en fertilisant le terrain par le dépôt de leurs feuilles nombreuses qui forment un humus considérable en se mêlant aux couches supérieures du sol qui les nourrit. Le séjour du pin dans certains sol peut le préparer à recevoir plus tard un ordre de végétaux plus riches et même quelques céréales. Je me bornerai, dans ce petit ouvrage, à ne parler que des espèces dont la culture a démontré le succès, et qui n'exigent, pour prospérer, que des terres médiocres ; car il serait inutile en effet, d'une mauvaise économie, de cultiver et de s'occuper de celles qui ne réussiraient pas dans des sols arides et sans emploi, ou qui ne donneraient de bons produits que là où on pourrait cultiver des essences d'un prix plus élevé.

**Mélèze.** Le mélèze, qui peut être considéré comme bois dur et qui est employé dans la construction maritime et civile, acquiert des dimensions considérables; croît rapidement lorsqu'il se trouve dans un terrain convenable. J'ai vu des sujets dans un sable assez médiocre, mais profond, qui cubaient 7 décistères et n'avaient cependant que quarante-cinq ans de plantation. Le sable fluide et profond est peut-être l'extrême limite de l'infériorité du terrain où le mélèze peut donner un produit passable. Le *Sapin épicea ( Abies picea )*, le **Pin** *strobus* (pin du lord Weymouth) et le *Cèdre ( Cedrus Libani )*. Par la majesté de leur port, ces arbres sont très intéressants pour nos propriétés d'agrément; mais quoi qu'en disent certains forestiers, je crois qu'ils n'offrent pas le même intérêt à la sylviculture. L'un et l'autre peuvent prospérer à côté du mélèze et ne sont pas plus difficiles que lui sur la nature du terrain.

**Pin sylvestre, Pin d'Écosse.** Deux variétés qui ont entre elles des rapports infinis. J'ai remarqué pourtant que le pin sylvestre réussit mieux dans une exposition au nord qu'au midi, et que le pin d'Écosse, semé en même temps et dans le

4

même terrain, peut être aussi fort dans une exposition que dans l'autre. J'ai remarqué encore (cette remarque peut être importante), dans les environs d'un massif de pins d'Ecosse, une infinité de beaux sujets produits de graines qui étaient levées spontanément sur un terrain couvert de bruyère, d'airelle et d'herbe, tandis que le pin sylvestre, dans les mêmes conditions, de même âge, n'avait rien produit. Sous le rapport de la croissance, le pin d'Ecosse était plus gros que le pin sylvestre. Je serais donc disposé à croire, comme plusieurs forestiers, que le midi de la France ne convient guère à ce dernier.

Les semis de pin se font de diverses manières et dans des sols plus ou moins bien préparés ; cependant, pour certaines localités, un labour préalable est préférable; mais pour beaucoup d'autres, il suffit de prendre des semences dont on soit sûr ; de les répandre en ligne afin de faciliter les binages, et de donner un grossier labour pour les recouvrir. J'en ai semé ainsi qui ont très bien réussi. La troisième ou quatrième année, ces semis sont assez robustes pour ne plus craindre les sécheresses ni les froids; alors on donne un labour aux bandes qui n'en ont pas reçu lors des semailles, afin de débarrasser les jeunes sujets des plantes qui les ont abrités dans leur jeunesse, mais dont ils peuvent se passer actuellement.

Trois ou quatre ans après cette dernière opération, dans beaucoup d'endroits, il se trouvera un
grand nombre de sujets à supprimer, mais on se
gardera bien de les enlever d'un coup, car il faut
se rappeler que le terrain doit rester couvert et
que les résineux ne s'élèvent qu'autant qu'ils sont
serrés. Ainsi dans le premier éclairci, on se bornera à retirer ceux des semis qui se trouveraient
très rapprochés, et de cinq à dix ans plus tard on
repassera pour faire l'espacement définitif.

**Le Pin laricio**, dont l'éducation est la même
que celle du pin sylvestre, et dont la culture en
grand est vivement conseillée, est un arbre magni-
fique, et qui surpasse le pin sylvestre en hauteur
et en grosseur. Il en existe plusieurs milliers, dans
la forêt de Fontainebleau, greffés sur ce dernier,
qui sont fort beaux.

**Pin maritime** (*Pinus maritima*). Le pin maritime peut être précieux pour le midi de la France;
mais plusieurs semis que je vis dans le nord se
laissaient dépasser par le pin d'Ecosse et le pin
sylvestre. Si le pin de Bordeaux ne donne pas de
résultats avantageux dans le nord de la France,
dans les terrains médiocres, en compensation, lorsqu'il végète dans des conditions favorables, il ne se
laisse dépasser par nul autre. Je vis de ces pins qui
cubaient 10 à 14 décistères, et qui n'avaient cepen-

dant que quarante-cinq à cinquante ans de plantation. Ces sujets en moyenne n'occupaient guère
que 25 centiares de terrain. Si on les estime à 40
francs l'un, ils ne valaient pas moins, et qu'il s'en
trouve quatre cents dans 1 hectare, on trouvera que
1 hectare planté en pins portera pour 16,000 francs
de bois après cinquante à soixante ans. Quelle est
l'essence qui offrirait le même avantage?

La transplantation des résineux étant toujours une
opération qui nuit à leur accroissement, à moins
de nécessité absolue, il sera toujours préférable de
semer en place. Si la nature du sol ne le permettait
pas cependant, on élèverait les jeunes arbres dans
des petits pots de terre que l'on brise ou que l'on
ôte en transplantant, ou encore dans des paniers
d'osier; mais pour l'un comme pour l'autre moyen,
c'est une dépense qui est assez considérable et
qu'on doit éviter toutes les fois que c'est possible.

Nous avons bien des variétés de pins et de sapins
autres que celles dont je viens de parler, mais qui
ne  sont pas assez bien connues ou qui exigent
pour prospérer des sols trop généreux.

## SECTION IV.

### Nettoyage et Élagage.

#### NETTOYAGE DES TAILLIS.

Le nettoyage des forêts est une de ces améliorations dues à la culture moderne et qui repose sur des calculs si simples, qu'ils sont compris de tout le monde et dont l'application est appelée à être introduite dans toutes les forêts. Les résultats en sont si grands, la pratique si heureuse que de l'avis de tous ceux qui s'occupent véritablement de sylviculture, il n'y a rien à lui opposer. Sans autres connaissances en bois que celle d'avoir vu un taillis, on sait que la première ou la deuxième année de la végétation, la souche jette une si grande quantité de brins qu'elle ne peut suffire à la nourriture de tous, et qu'un grand nombre souffrent et périssent avant d'avoir atteint un certain âge, non sans avoir vécu un nombre quelconque d'années, aux dépens de ceux qui doivent rester. Avec ceux-là, une grande quantité de végétaux de peu de valeur ou d'une valeur relativement nulle, végètent et absorbent une partie des matières nécessaires à l'acroissement de la partie productive des taillis où ils se trouvent.

Le nettoyage des forêts est la partie la plus délicate du forestier : il doit employer des ouvriers intelligents et honnêtes, et une surveillance de chaque moment est indispensable ; car il ne suffit pas de couper un plus ou moins grand nombre de brins sur une souche pour que l'opération soit parfaite : non, ce ne serait pas là ce que ce travail exige, et une opération de ce genre pourrait avoir des résultats plus désastreux qu'avantageux. Pour supprimer des brins sur une souche, on doit voir d'un coup d'œil quel est le nombre qu'elle peut nourrir. Il faut éviter de couper ceux des brins qui se trouvent enracinés, et par ce fait appelés à remplacer, plus tard, celle qui les a produits.

Le nettoyage des taillis se fait ou plus tôt ou plus tard, selon la nature du sol ; et il doit être plus ou moins considérable, selon l'âge auquel les taillis doivent être exploités. Dans une terre fraîche, de bonne qualité et bien plantée, on peut faire le nettoyage de cinq à huit ans ; mais dans des terrains secs, comme dans les montagnes, on ne doit guère le pratiquer que de huit à dix ans, car en découvrant trop tôt ces genres de terrains, on provoquerait une évaporation trop grande. Dans le deuxième cas il est bien certain que le taillis qui doit être exploité à quinze ans devra être moins éclairci que celui qui ne doit l'être qu'à trente ou quarante ans ; car bien des brins peuvent trouver de la nourriture jusqu'à quinze ans, qui n'en trouveraient pas pour arriver à trente ou quarante ans.

Les Anglais ont un mode particulier de faire le nettoyage de leurs forêts. Ils en font un premier dès l'âge de deux ans et un deuxième et un troisième jusqu'à dix et quinze ans. Je crois ce mode vicieux et inapplicable dans les montagnes et dans les terrains secs, parce qu'en les découvrant trop tôt il y a excès d'évaporation ; défectueux dans les sols frais et généreux, parce qu'en les dégarnissant trop tôt et trop souvent, les herbes, les végétaux parasites, le tremble même, contre lequel très souvent on doit défendre les bois, trouvant de l'air, auraient trop de facilité à se multiplier.

Dans les travaux de nettoyage, ont doit conserver les sujets vigoureux, forts et droits, en les espaçant convenablement, supprimer les brins traînants et mal venant, et la section de ceux-ci doit être faite proprement et le plus près possible de la souche, sans mutiler ceux qu'on a conservés. On doit éviter encore de ne jamais dégarnir une souche entièrement, et quel que soit son état on doit lui laisser au moins un brin pour attirer la sève, et lors de l'abattage, pour donner une surface qui promette un beau bourgeon. Non plus, jamais, on ne doit *récéper un semis*, car alors il serait perdu.

Les produits des nettoyages doivent être façonnés de suite et transportés immédiatement sur le bord des routes et des chemins voisins.

Pour démontrer l'utilité et l'avantage des net-

toyages en général, je vais citer des faits que je fus
à même d'apprécier, et indiquer les causes qui
les produisent : 2 hectares de bois étaient situés
dans une même localité, dans la même nature de
sol, plantés des mêmes essences et étaient voisins ;
tous les deux furent coupés à vingt ans et la même
année : l'un fut nettoyé à huit ans, et ce nettoyage,
en outre des frais, donna 75 francs ; dans le deuxième, on négligea l'opération. L'hectare nettoyé produisit près de 1,200 francs, et celui qui ne l'avait
pas été ne produisit que 1,000 francs seulement ;
c'est-à-dire que l'hectare nettoyé donna, avec le
produit du nettoyage, 275 francs de bénéfice sur le
voisin. La *Maison rustique* rapporte aussi un fait
de ce genre : Dans le bois de Charette (Saône-et-
Loire), un hectare de bois nettoyé produisit 225
stères de bois à charbon et fut vendu 1,160 francs,
et un deuxième, qui se trouvait dans les mêmes
conditions que le premier, sauf le nettoyage, ne fut
vendu que 900 francs. Cela s'explique : une souche
ne peut alimenter que dix brins jusqu'à vingt ans,
et elle en a trente : si on supprime les vingt qui
excèdent ses forces, nul doute, les dix restant ac-
querront un volume plus considérable en moins de
temps, puisqu'ils auront profité de la sève qui aurait été absorbée par le nombre retranché ; mais si,
au contraire, les trente sujets sont conservés, la
souche aura dispensé ses sucs à vingt sujets qui

n'arriveront pas à vingt ans, et comme les dix qu'elle aura retenus auront souffert de cet état, on ne devra pas être surpris de les voir de moitié moins forts que ceux qui se trouveraient sur une souche nettoyée. Comme on le voit, un propriétaire qui néglige le nettoyage et l'éclairci de ses bois, affecte une partie considérable de son revenu.

Si une forêt était envahie par des essences d'une moindre valeur que celles que la nature du sol permettrait d'y cultiver, on ne devrait pas hésiter à les extraire, et ces extractions seraient utilement faites lors du nettoyage des taillis. Si pourtant elles occupaient trop d'espace, mieux vaudrait attendre la coupe et faire replanter les parties qu'elles occupaient.

Il est bien certain qu'il y a avantage pour un propriétaire à faire enlever les fausses essences ; car une rachée de celles-ci, de noisetier, d'épine, etc., vaudra 30 centimes à vingt ans ; et une rachée de chêne, ayant six sujets, vaudra 2 francs : pourtant la rachée de noisetier occupe le même espace.

### NETTOYAGE DES FUTAIES.

Le premier nettoyage des taillis destinés à être élevés en futaie, est une opération qui demande certainement moins de soins que celui dont nous venons de nous occuper. Celui-ci se fait de la

4.

vingtième à la vingt-cinquième année, et a pour
objet l'enlèvement des bois blancs, qui, à cet âge,
ont une valeur assez considérable ; les épines, les
arbres et arbustes nuisibles, quelques essences inférieures, afin de laisser toute liberté à la partie la
plus productive. En outre de l'enlèvement des bois
blancs, sur les points qui l'exigeront, une ou deux
autres éclaircies de bois durs seront encore faites,
mais préférablement en deux fois qu'en une seule :
le premier huit à dix ans après l'extraction des
bois blancs, et le dernier après un même intervalle pour l'espacement définitif des sujets entre
eux. Si l'éclaircie des bois durs était faite d'un coup,
les sujets, se trouvant trop isolés, se couvriraient
de branches nombreuses et ne gagneraient plus
guère en hauteur, et les vents, aidés des neiges, etc., s'introduisant dans les massifs, cause-
raient aux jeunes arbres des déviations et des accidents nombreux. Ce qui arrive dans le taillis lorsque les souches sont trop chargées, arrivera pour
la futaie lorsque le terrain sera couvert d'un plus
grand nombre de sujets qu'il ne peut en nourrir :
le manque d'air et de lumière, l'insuffisance des
sucs nourriciers, sont des motifs de souffrance
pour tous, et par conséquent un retard dans l'accroissement de ceux qui doivent rester.

Si des éclaircies sont nécessaires dans les bois qui
doivent être élevés en futaies, il ne faut pas cepen-

dant qu'elles soient faites à outrance ; car la futaie,
pour s'élancer, a besoin d'être un peu serrée.
Dans ce travail, il ne peut guère être indiqué de
règles, et le forestier chargé de ce soin devra espa-
cer les sujets, en ayant égard aux essences qui
doivent dominer, et ne pas oublier que de sa volonté et de son jugement dépend la somme du revenu d'une propriété, non pas seulement comme
espacement des arbres, mais encore dans le choix
des essences qu'il lui plaira de conserver, et qui
doivent être, en tout cas, celles qui ont le plus de
valeur et surtout qui conviennent au terrain.

## ÉLAGAGE.

L'élagage des forêts a été plus d'une fois un motif de désaccord entre les forestiers, et aujourd'hui
encore, les uns le conseillent quand les autres le
proscrivent. Pour moi, je me range de l'avis de
ces derniers ; car partout où j'ai vu des arbres qui
ont été soumis à ce régime, j'ai trouvé des arbres
tortueux, malsains, noueux et ne s'élevant pas,
quoi qu'en disent les partisans du système. Il est
certain que les branches sont en proportion des
racines, et que si on supprime une forte branche, à
sa place il en reparaîtra une infinité de petites.

Dans les taillis destinés en futaies, on pourrait
sans danger couper les premières branches ; mais
l'opération peut donner lieu à des accidents qui

sont pires que le mal qu'on veut éviter. On sait
que les arbres qui sont un peu élevés sont montés
par des ouvriers dont les pieds sont armés de fers
à deux divisions, recourbés en forme de griffes.
Les plaies que font ces griffes en pénétrant dans les
couches ligneuses, sont peu importantes en apparence, mais plus tard la sève continuant à s'épan-
cher au pourtour de ces nombreuses lésions, il se
formera des bourrelets de 10 à 15 centimètres de
largeur, qui, s'ils n'entraînent pas la décomposition des parties voisines, changeront la destination
d'un arbre qui aurait pu être traduit en ouvrage de
fente, et, par ce fait, ces sujets seront impropres à
ce genre d'industrie : motif de perte pour le propriétaire. Les sciages, les charpentes même qui en
seront tirées, porteront les traces de ces nombreuses piqûres. Les hêtres et les essences qui ont
peu d'écorce souffrent davantage de cette opération. On pourrait éviter ces inconvénients en faisant élaguer au moyen de croissants armés d'un
manche assez long ou en se servant d'échelles.

Dans les futaies sur taillis, il se présente certain
cas où on est presque forcé d'avoir recours à l'élagage ; c'est lorsqu'il se trouve des arbres branchus
qui couvrent beaucoup de terrain, et qui nuisent
aux bois voisins. Dans ce cas encore, mieux vaudrait
les abattre, puisque ce sont souvent des arbres
mûrs. Dans les circonstances où on aura recours

l'élagage, la section devra être faite à 20 centimètres du tronc, et le chicot ravalé la deuxième année. Cette précaution est nécessaire pour éviter le
desséchement que produit toujours la chute d'une
forte branche. Si on coupe de suite à ras le tronc,
le soleil dessèche la plaie jusque dans l'intérieur
de l'arbre ; la sève vient la couvrir, et le calus qui
se forme cache toujours un foyer de désorganisa-
tion. En admettant même que la place de cette
branche ne pourrisse pas, il ne restera pas moins
un nœud sec qui s'ouvrira dès qu'il sera mis à
l'air, et rendra cette partie de l'arbre impropre à
toute industrie. Soit qu'on ravale le chicot, soit
qu'on enlève la branche, il faut éviter les déchiru-
res : l'entaille doit être franche et nette.

Si l'élagage des vieux arbres est dangereux, il
n'en est pas de même des jeunes sujets, dont la
suppression des branches inférieures peut contri-
buer à leur élévation. Comme dans le dernier cas,
la section devra être faite à quelques centimètres
de la tige, sans qu'il soit besoin de repasser pour
enlever le chicot, qui tombera naturellement quelques années plus tard, et laissera une circatrice
parfaitement saine.

L'élagage des jeunes baliveaux sur taillis ne doit
pas être fait l'année de l'exploitation, car la sève se
porterait à la cime, développerait des rameaux et
un feuillage trop abondants, et les vents, les neiges

et le givre venant encore ajouter à ce poids, ces
arbres seraient infailliblement courbés ou rompus.
Si on n'avait aucun motif pour faire ces élagages
plus tôt, on attendrait l'époque de l'éclaircie, afin de
ne pas entrer plusieurs fois dans les enceintes.

Dans les départements voisins de la mer, des
fleuves ou des rivières ou des centres manufactu-
riers, il peut être avantageux d'avoir des courbes à
livrer à la construction des navires ou des pièces
d'usine. Une belle courbe vaut le double du prix
d'une pièce de bois ordinaire. Le chêne, le frêne,
l'orme et le châtaignier sont propres à ces différents
usages, et leur placement est facile. Souvent dans
les forêts, on rencontre des arbres qui ont pris
cette forme naturellement, ce qui est assez rare ;
mais ce que la nature nous dispense avec tant de
discrétion peut s'obtenir avec quelques soins. Il
suffit souvent, lorsqu'un arbre est bifurqué, de
couper la branche droite pour que la sève se porte
dans celle qui est inclinée et qu'elle produise l'effet
désiré.

Je ne parlerai pas de l'élagage des résineux, car
ils ne le supportent pas ; et quant à leur nettoyage,
je ne répéterai pas ici ce que j'ai dit à ce sujet dans
la section REPEUPLEMENT, et à l'article des semis de
cet ordre de végétaux. Mais je redirai qu'en matière de culture forestière, le terrain ne doit jamais
être découvert, non pas seulement comme motif de

produit, mais pour éviter l'évaporation, faciliter la
germination des graines, protéger les plants qui en
sont la suite, et encore pour repousser toutes espèces de végétaux parasites.

## SECTION V.

### Aménagement des Bois non résineux.

La première idée qui doit préoccuper celui qui
a créé un bois ou qui se trouve détenteur d'une
forêt quelconque, c'est de savoir à quel âge il devra les couper; et comme cette circonstance peut
avoir une grande influence sur son revenu, il doit
s'entourer de toutes les lumières de la science, et
ne passer à l'exécution que lorsqu'il sera sûr d'a-
voir saisi le côté le plus avantageux, non seulement
comme argent, mais encore comme avenir.

La généralité des propriétaires considèrent l'a-
ménagement de leurs bois comme parfait lorsqu'ils
ont fait établir un plan de leur propriété, divisé en
autant de parties correspondant au nombre d'années qui doit épuiser l'étendue de la forêt, objet
de cet aménagement, sans se rendre compte des
besoins des localités, de la nature du sol, des essences qui le boisent, ni de l'accroissement soit

des taillis, soit de la futaie qui couvrent cette forêt.

Les propriétaires qui ont réglé un pareil aménagement seraient très embarrassés d'expliquer les
motifs qui les ont déterminés à couper leurs taillis
ou leur futaie à un âge plutôt qu'à un autre.

M. Noirot donne une définition parfaitement
exacte du mot *aménagement,* quand il dit : « Amé-
» nager une forêt, c'est régler l'ordre dans lequel
» on l'exploitera pendant une période, dont la du-
» rée doit comprendre au moins la première ex-
» ploitation de tous les plants actuellement exis-
» tants dans cette forêt; c'est déterminer la quan-
» tité de bois que l'on coupera tous les ans, et le
» mode que l'on suivra dans cette exploitation. »

En matière de forêts, comme en toutes choses,
la première considération sera toujours d'obtenir,
dans le délai le plus court et avec le moindre capital, le plus grand revenu possible. Je ne prétends pas
dire, cependant, que la génération actuelle doive
sacrifier tout au présent, avec certitude de ruine
pour l'avenir ; je suis au contraire d'un avis diffé-
rent, et c'est surtout dans l'aménagement des forêts que l'action du gouvernement, protecteur naturel du présent comme de l'avenir de ses adminis-
trés, doit se faire sentir, et on peut dire *à priori*
que s'il ne vient pas mettre un frein, soit aux besoins toujours croissants, à la cupidité, et bien plu-

tôt encore à l'ignorance de quelques membres de la société actuelle, qui paraissent ignorer qu'ils auront des neveux, sans nul doute, l'instant prophétisé depuis longtemps n'est pas éloigné de nous. Déjà, en France, nous n'avons plus ou presque plus de hautes futaies, et, sans futaies, les moyens de reproduction naturelle sont difficiles, sinon impossibles. Le développement que prend chaque jour notre industrie et les autres besoins de notre société, depuis un siècle, ont doublé le prix des bois. Cette circonstance, jointe au désir effréné de jouir, a amené la disparition des belles futaies, que, par un sentiment de sacrifice au bien public, nous avaient conservées nos pères; et comme l'enlèvement de ces futaies a causé le dessèchement du sol, les propriétaires actuels ne craignent pas de dire que leur terrain n'est pas propre à ce genre de produit. En effet, par l'abattage trop souvent répété des taillis, les jeunes baliveaux étant trop souvent exposés aux courants d'air, se couvrent de branches, se dessèchent, cessent de croître en hauteur, et ne feront jamais que des arbres difformes et de petite stature. Il n'en serait pas ainsi si les taillis étaient coupés de vingt-cinq à trente-cinq ans; les arbres, se trouvant serrés, s'élanceraient et formeraient plus tard de beaux sujets.

Un autre motif encore qui contribue à ne pouvoir élever des futaies dans les taillis coupés trop jeunes, c'est qu'on ne trouve plus de baliveaux de semence, qui forment toujours de plus beaux arbres que ceux pris sur souche.

Pour ne pas être, avec raison, de l'avis du propriétaire qui croit que son sol n'est pas propre à l'éducation de la futaie, nous dirons que tous les terrains en produisent; seulement elle croît plus rapidement dans les sols profonds et de bonne qualité. Dans plusieurs de nos départements, nous trouvons des arbres de toutes les essences qui ont souvent de 25 à 30 mètres de hauteur, qui végètent cependant dans les montagnes ardues, rocheuses, et qui n'offrent à ces géants de la végétation que quelques centimètres de terre végétale; mais ces montagnes n'ont jamais guère été découvertes entièrement, et ce serait une grande imprudence que de le faire; car le terrain étant soumis à un grand excès d'évaporation, là où on tire de très beaux produits, en dirigeant convenablement les aménagements et les exploitations, on ne trouverait plus qu'un sol aride et impropre à toute culture. Les plantations même qu'on y tenterait ne réussiront pas. Combien de montagnes n'ont-elles pas été ainsi déboisées, et combien d'autres ne le seront-elles pas encore, si la science, si une volonté plus forte, l'intérêt, ne viennent pas faire justice d'une fatale routine! Ce ne sont pas seulement nos anciennes futaies que nous aurons à regretter plus tard, mais le déboisement général, dans les versants d'abord, ensuite dans les terres sèches ; car avec des taillis jeunes, le semis naturel est impossible si le terrain n'a pas une qualité particulière, et, encore, ne sont-ce que les bois blancs qui réussissent plus particulièrement.

Il ne faut pas conclure pourtant que parce que les propriétaires publics ou privés n'élèvent pas leurs taillis en futaie, que celle-ci ne leur donnerait pas un produit souvent plus considérable que le taillis coupé à dix, à vingt ans, etc.; non : c'est une question de temps, on ne peut attendre ; et le besoin de jouir force le propriétaire, pour avoir un revenu, de couper chaque année une plus grande étendue de terrain ; et le revenu, le croirait-on? relativement à la futaie, sera inférieur, comme argent d'abord, et plus encore comme produit en nature. Si ce n'était que la question d'intérêts composés, dans les trois quarts des terrains l'avantage serait en faveur de la futaie. Voici des faits à l'appui de ce que j'avance, et qui sont connus de tous ceux qui s'occupent de bois. Les forêts homogènes sont rares ; la généralité est boisée de diverses essences, dont le nombre diminue à mesure de l'âge. Les bois mous disparaissent pour faire place au chêne, au châtaignier, au hêtre, etc.

Prenons, parmi bien d'autres, 1 hectare de futaie se trouvant dans un bon sol. Dans cet hectare

de futaie on trouvera au moins quatre cents arbres,
puisque dans beaucoup j'en ai compté plus de cinq
cents ; mais opérons sur 1 hectare couvert de quatre cents seulement qui ne valent pas moins de
20 francs l'un, ce qui donne. . . . . . 8,000 »

Enlèvement des bois blancs à vingt-cinq
  ans . . . . . . . . . . . . . . . . . 500 »

1° Éclairci de bois dur, 6 cents
  de fagots à 10 fr. . . . . . . . 60

2° Éclairci, 28 stères de bois à
  charbon, à 4 fr.. . . . . . . . 112   272 »

10 cents de fagots et bourrées à
  10 fr. . . . . . . . . . . . . 100

Produit de cent ans. . . . . . . . . 8,772 »
Divisés par cent, donnent un produit
  annnel de. . . . . . . . . , . . . . 87 77

Autre exemple : Je vis 1 hectare de
  futaie de cent ans se vendre . . . . 9,000 »
10 p. 0/0 pour le bénéfice du marchand. 900 »
Les éclaircies, les bois blancs et les arbres dépérissant ont pu donner. . . 772 »

Produit de cent ans. . . . . . . . . 10,672 »
Produit annuel . . . . . . . . . . . 106 71

Prenons ce même hectare de bois et coupons-le
cinq fois dans la période de cent ans, afin de sa-

voir à qui appartient l'avantage. Nous trouvons dans
un hectare de taillis coupé à vingt ans, n'ayant
pas reçu de culture, au plus 180 stères de bois à
charbon et de chauffage que nous évaluerons à
5 francs le stère. . . . . . . . . . . .  900 »
Dix-huit cents de bourrées à 10 francs  180 »

Produit de vingt années . . . . . . . . 1,080 »
Produit annuel . . . . . . . . . . .  54 »

Ainsi dans le premier massif de futaie
 le produit annuel est de . . . . . . 87 77
Dans le deuxième, de . . . . . . . . . 106 71
Dont la moyenne, pour les deux massifs,
 sera de . . . . . . . . . . . . . . 97 28
Tandis que le taillis, croissant dans le
 même sol, planté des mêmes essences,
 ne donne pour revenu annuel que. . 54 »

Si on veut avoir le produit en nature on trouvera
qu'un hectare de futaie produit chaque année 10
stères de bois valant au moins 10 francs, tandis
qu'en taillis il produira 10 stères aussi, mais de
ramilles qui ne vaudront que de 1 à 5 francs l'un.

Dans les Vosges comme sur bien d'autres points
de la France, nous trouvons des hectares de futaie
qui portent pour 10 à 12,000 francs de bois; des
sapins mêmes, dans la forêt de Riquervich (Haut-
Rhin) il y a des hectares qui portent quatorze cents

pieds qu'on estime 21,000 francs. J'ai compté dans
un massif de pins d'Ecosse, sur 1 are, 12 sujets de
quarante-cinq ans cubant ensemble 24 décistères
et qui en cuberont certainement 48 à quatre-vingts
ans ou 4,800 décistères pour l'hectare, à 3 francs,
14,400 francs.

Par les rapprochements que je viens de faire, on
voit que la France, en coupant ses forêts en taillis,
perd chaque année près de 50 p. 0/0 de leur produit
en nature. Le résultat n'est pas le même pour le propriétaire, puisque aussitôt la première période de
vingt ans et ainsi des autres, il aura joui des intérêts, s'il a placé le capital que lui produit son taillis
tous les vingt, trente ans, etc.

Peut-on croire cependant que c'est la question
de ces intérêts qui porte les propriétaires à couper
leurs taillis à quinze ans plutôt qu'à vingt, trente
ou quarante ans? Je ne le pense pas; car, pas plus
qu'à la société, ces intérêts ne leur profitent, puisque chaque année le revenu de ces taillis sera
absorbé; je crois plutôt que si nous avions plus
de forestiers capables, et par conséquent plus aptes
à comprendre les véritables intérêts des propriétaires, que ceux-ci ne fassent justice des erreurs
que je vais signaler. Si on disait à un propriétaire :
vous possédez une forêt de 100 hectares que vous
exploitez à dix ans, ce qui donne une coupe annuelle de 10 hectares qui ne valent, au plus, que

400 francs l'un, ou 4,000 francs pour le revenu annuel, et à côté de ce fait qu'on lui observât que ce même taillis, coupé à vingt ans, aura une valeur certaine de 1,200 francs l'hectare ; mais qu'au lieu d'avoir 10 hectares à couper par année, il n'en aura que 5 valant cette fois 1,200 francs au lieu de 400, et que par conséquent son revenu de 4,000 francs qu'il était en coupant son bois à dix ans, sera désormais de 6,000 francs ; si on venait lui observer encore que cette même forêt, qui est d'un rapport annuel de 4,000 francs, aménagée à dix ans ; de 6,000 francs, aménagée à 20 ans, serait d'un produit annuel de 10,672 francs, aménagée en futaie de cent ans, et qu'en coupant à dix ans, relativement à la futaie, il perd les 3/5 de son revenu, et à vingt ans les 2/5 ; si on venait encore lui dire qu'en coupant ses taillis trop jeunes, il s'expose à ces inconvénients : 1° perte de plus de moitié de son revenu ; 2° impossibilité du *repeuplement* par semis naturels ; 3° impossibilité de faire un beau choix de baliveaux lors des *martelages* ; 4° et enfin les sujets conservés pour être élevés en futaie se couvrent de branches, ne s'élèvent plus et ne font jamais de beaux arbres, et qu'à cause de leur peu d'élévation et des branches nombreuses dont ils se chargent, nuisent considérablement au taillis, toutes circonstances qui ne se présentent pas lorsque les taillis sont coupés assez vieux ; oh ! nul doute,

ce propriétaire étant mis en demeure d'opter entre
ses intérêts et l'erreur, s'empressera de prendre le
côté qui doit lui être avantageux sous tous les rapports. Ce que je viens de dire sur ces deux classes
de taillis s'applique à une foule d'autres de différents âges.

L'Allemagne, qui peut s'offrir comme modèle
dans la culture des forêts, s'attache à produire la
plus grande masse de produits en nature, tandis
que l'Angleterre, et la France qui est à sa remorque,
veulent avoir des produits en argent représentés
par la capitalisation des intérêts. L'Allemagne
fait abstraction de l'intérêt de l'argent et veut des
produits en nature, et conserve pour les siècles à
venir autant de bois qu'elle en a trouvé. L'Angleterre fait une application peu éclairée de ces intérêts et coupe un taillis ou un arbre dès qu'ils ne
rapportent plus tant pour cent : l'une est mar-
chande et égoïste, tandis que l'autre est pré-
voyante. Il résulte de ces faits que l'Allemagne avec
500,000 hectares de bois traités d'après son système est plus riche en matières forestières que
l'Angleterre et la France avec 2,000,000 d'hectares
de taillis.

Des relevés statistiques ont démontré que les
forêts traitées en futaie de cent ans, donnent
un revenu annuel de 90 à 105 francs par hectare, ce qui se rapproche des faits que je viens

d'établir, tandis que coupées en taillis, ainsi que cela se fait en Angleterre et en France, ce revenu n'est que de 50 à 60 francs.

## CONSIDÉRATION SUR L'AVENIR.

Nous venons de voir que, soit défaut de connaissances spéciales, soit besoin de jouir, loin de leur pensée de transformer leurs taillis en futaie, presque toujours les propriétaires ne savent pas attendre le moment où ces taillis doivent leur donner le plus grand revenu. Pourtant on ne peut perdre de vue que la construction de tous genres aura toujours besoin de fortes pièces de bois, et qui sait si plus tard on n'aura pas besoin de combustible ? Si la société ne peut obliger ses membres individuellement à donner une destination déterminée à leur propriété, on ne saurait lui contester le droit de se préoccuper de l'avenir, ni d'exiger de l'état, dans le domaine public, qu'il se livre à l'éducation exclusive de la futaie, et qu'il ne continue pas, dans ses forêts, des aménagements mesquins de vingt ans, comme il le fait dans certaines localités.

En admettant même que toutes nos forêts publiques soient aménagées en futaie, si on ne venait par des plantations augmenter le sol boisé de la France, pense-t-on que les ressources actuelles pourraient répondre aux besoins des siècles à venir, dans l'hypothèse surtout de l'épuisement des

5

houillères? Eh ! mon Dieu , la réflexion n'est pas
plus exagérée que celle d'hommes compétents qui
prévoient déjà que dans trois siècles, tous les gisements houillers seront épuisés. Tout n'est-il pas
soumis à une loi commune, la fin ? Déjà nous fai-
sons une consommation considérable de ce minéral,
et cette consommation ne peut qu'augmenter à
mesure du développement de notre industrie, de la
navigation à la vapeur, de l'établissement de nombreuses voies de fer, et enfin par la marche crois-
sante de la population du globe.

Pourquoi un gouvernement sage ou une nation
éclairée ne penseraient-ils pas, dès à présent, à
préparer des ressources pour des temps qui, pour
être éloignés d'eux, n'en doivent pas moins être
l'objet de leur sollicitude !

Nous avons en France 7,500,000 hectares de
terre, de bruyères et de landes incultes, dont 4 à
5,000,000, mais 2,000,000 certainement, pourraient être convertis en forêts, sinon livrés à
l'agriculture. Les frais d'établissement et d'entretien pouvant être en moyenne de 300 francs l'hectare, il résulterait que pour planter en bois ces
2,000,000 d'hectares de terrains improductifs,
l'état aurait à débourser 600,000,000. Mais en
conservant ces bois en futaie, dans cent vingt-cinq
à cent cinquante ans, ces 2,000,000 d'hectares de
forêts auraient produit un minimum de 800 stères

de bois par hectare, ce qui donnerait pour les
2,000,000 d'hectares de plantations, 1,600,000,000
de stères de produits forestiers que l'on peut évaluer
à 8 francs le stère, ce qui représenterait dans cent
vingt-cinq ou cent cinquante ans, un capital de
12,800,000,000, somme suffisante pour le rem-
boursement d'une partie de la dette des états de
l'Europe. Nous manquons de pain, de matières
premières ; mais dans ces 7,500,000 hectares de
friches, combien en pourrait-on transformer en
grasses prairies ! Et qu'on ne croie pas que ce
soit là une extravagance ou un de ces projets réali-
sables en imagination seulement, puisque sur plusieurs points de nos départements nous trouvons
des hectares qui portent pour 10,000 francs de bois
qui végète dans des terrains plus que médiocres et
plus mauvais souvent que ceux dont je veux parler.
On peut comprendre, du reste, que ces plantations
ne seraient pas exécutées en une seule année.
Si par exemple on divisait ces frais d'établissement
par annuités de 25,000,000, dans vingt-quatre ans
les 2,000,000 d'hectares seraient couverts de bois.
Conseillons toutefois d'attaquer d'abord les terrains
qui offriraient le plus de chances de succès. Pour
peu que l'on trouve 3 à 4,000,000, d'hectares
susceptibles d'être défrichés , dans cent cinquante
à deux cents ans, en outre du produit des forêts
actuellement existantes, notre pays pourrait four-

nir annuellement 40 à 50,000,000 de stères de combustible qui arriveraient fort à propos pour succéder à la houille. Si la France le voulait sincèrement et sans augmenter sensiblement son budget, n'a-t-elle pas dans ses casernes trois cent cinquante mille jeunes soldats qui pourraient concourir à la réalisation de cette œuvre éminemment nationale !

### AMÉNAGEMENT DES TAILLIS.

Le sol forestier en France se divise en *menus taillis* qui se coupent ordinairement de sept à douze ans, et dont les produits sont employés à faire de mauvais échalas, des cercles, un peu de charbon et des bourrées.

Le caractère de ces taillis, c'est de repousser sur souche et d'être, par ce fait, appelés à une fin certaine si l'homme ne vient, soit par des plantations, des semis artificiels ou des marcottes, remplir les vides que chaque coupe laisse après elle. Dans les bois exploités aussi jeunes, laisserait-on des porte-graines, que le moyen serait insuffisant : le sol étant découvert trop souvent, il s'engazonne, les végétaux adventices se multiplient, les graines ne peuvent germer faute de conditions favorables, et les souches elles-mêmes ne tardent pas à vieillir et à disparaître. Il n'y a guère que les terrains pierreux, secs et peu profonds qui doivent être soumis à ce régime, à moins cependant qu'ils ne soient plantés de châtaigniers, qui sont plus avantageusement coupés à cet âge; de coudriers, de saules et d'autres bois mous qui sont ordinairement employés à faire des cercles, de la vannerie, etc., et qui poussent vigoureusement lorsqu'ils sont jeunes.

*Les taillis moyens* sont ceux qui sont coupés de quinze à vingt-cinq ans et sont employés à faire du charbon et un peu de combustible.

*Les grands taillis* sont ceux qui se coupent de vingt-cinq à quarante ans et fournissent de très beaux bois de chauffage et quelques menues pièces de charpente.

Nous avons *des demi-futaies, des futaies sur taillis* et *des hautes futaies*; mais ces dernières disparaissent tous les jours des forêts possédées par les particuliers.

Ayant indiqué les noms que les forestiers assignent à chaque classe de bois, je vais dire maintenant quelques mots sur les causes qui doivent fixer le propriétaire dans l'aménagement de chacune d'elles.

### SUR LES TAILLIS ET LA FUTAIE.

Pour déterminer et fixer le mode d'aménagement qui convient aux différentes espèces de bois, soit de taillis, soit de futaie, on doit se rendre compte de leur accroissement progressif annuel.

L'ancienne école disait : « Coupez les taillis ou les
» futaies dès que vous verrez qu'ils donnent des
» signes de dépérissement. » Cette indication est
trop vague et ne peut être appliquée que dans un
très petit nombre de cas ; car, dans une futaie comme
dans un taillis, même en très belle voie de croissance, on trouve des arbres ou des brins dépérissant. S'ensuit-il de là qu'on doive abattre la totalité ?... Non, certainement. Dans un massif de
futaie ou de taillis, à tous les âges on trouve un
grand nombre de sujets dépérissant déjà faute d'air
et de nourriture ; comme à cent ans on trouve des
arbres croissant encore vigoureusement. Les indi-
cations fournies par l'ancienne école étant insuffisantes et inapplicables dans la généralité des cas,
on est forcé d'avoir recours à des moyens plus in-
faillibles. La loi de l'accroissement progressif annuel des bois que l'on se propose d'aménager doit
être connue, et cette loi doit être le moyen cherché
et le guide le plus sûr, puisqu'il repose sur une base
fondamentale.

Tous ceux qui se sont occupés de bois et qui ont
observé, savent que les bois durs, végétant dans un
bon sol et sans être soumis à aucune culture, croissent dans une proportion qui s'approche des carrés
des nombres naturels. Elle est moindre dans un
sol inférieur ; elle est plus élevée si les bois sont
nettoyés et éclaircis : non seulement la progression

des arbres peut se déterminer ainsi, mais la valeur
des produits, à chaque âge, suit presque la même
marche. La bourrée vaut moins que le bois à charbon, celui-ci moins que le bois de chauffage, et le
bois de chauffage moins que le bois de charpente ;
et il est bien connu que la valeur d'un arbre ou
d'un taillis est en raison de son volume ou de son
âge, conséquemment.

Le peu de mots que nous venons de dire sur l'accroissement progressif des arbres demandent à être
plus développés, et, en nous étendant davantage,
nous chercherons à démontrer si les faits sont d'accord avec la théorie. Un taillis d'un an vaut une
partie d'accroissement de végétation ; celui de
trois ans vaut 9, celui de quatre ans vaut 16, de
six ans 36, de huit ans 64, celui de dix ans vaudra 100, de douze ans 144, celui de seize 256, de
vingt ans 400, celui de vingt-cinq 625, comme
celui de trente vaudra 900 parties d'accroissement
progressif, etc. Il résulte donc qu'il y a désavantage
pour un propriétaire qui couperait un taillis de
vingt ans qui ne vaudrait que 400, puisqu'à trente
ans il vaudra 900. Ce propriétaire ferait une perte
des cinq neuvièmes de son revenu en coupant à
vingt ans un taillis qui progresserait jusqu'à trente
dans la proportion du carré des nombres. L'instant
le plus favorablement choisi pour couper un taillis
ou un arbre est celui où la progression des carrés

des nombres ne sera plus atteinte. Nous nous arrêtons, par exemple, à vingt-cinq ans, et nous voyons que, cette année, la progression a donné le chiffre de 625 ; mais la vingt-sixième année, cette progression, au lieu de donner 676 parties de végétation, n'a donné que 640 ou 655, etc. L'instant le plus avantageux de couper un taillis ou un arbre qui se trouverait dans cette condition sera donc la vingt-cinquième année.

Il y a des arbres, comme des taillis, qui continuent cette progression jusqu'à un âge très avancé ; mais les intérêts annihilent en partie cet accroissement vers la trente-cinquième année. Si un propriétaire veut faire abstraction des intérêts qu'aurait produits le capital qu'il aurait recueilli s'il avait coupé son taillis à vingt ans, par exemple, et qu'il voulût avoir tous les produits possibles en nature, il pourrait suspendre sa coupe jusqu'à l'instant où la progression ne donne plus de résultats satisfaisants.

Si on double les parties de l'accroissement, et qu'on les suppose être des francs, on trouvera qu'un taillis de vingt ans, donnant 400 parties de végétation, multipliées par 2, vaudra 800 francs l'hectare, ce qui est vrai pour bien des localités ; mais en faisant des éclaircies, en enlevant les végétaux non productifs, on active la végétation, et la progression des nombres sera dépassée certainement, et le taillis qui vaut 800 francs sans avoir reçu de culture, vaudra de 1,000 à 1,100 francs peut-être. (Voir à la section NETTOYAGE.)

Pour l'arbre en croissance, sans culture, végétant dans l'intérieur d'un massif, l'accroissement est le même que le taillis, et les parties de cet accroissement représentent des tiers de centime.

Pour un praticien habile, il n'est pas besoin, chaque année, de faire le cubage d'un arbre ou d'un taillis pour en reconnaître la progression : le degré de fertilité du sol où ils végètent, la disposition des rameaux, la couleur de l'écorce et la hauteur des sujets, peuvent lui indiquer s'ils sont en bonne voie de progression ; mais pour celui qui n'a pas de pratique, il doit prendre au hasard et sur plusieurs points d'un taillis, quelques rachées ou brins isolés, et les cuber, puis les remarquer, et revenir l'année suivante pour renouveler son opération.

Nous allons chercher à établir que la valeur des produits, à chaque âge, suit à peu près la marche de l'accroissement. Dans un taillis qu'on couperait à cinq ans, on tirera six à sept cents de mauvaises bourrées qui ne vaudront que 10 francs le cent, et l'hectare, par conséquent, aura produit 70 francs. Si ce même taillis est coupé à vingt ans, il donnera 8 à 900 francs, quand il en a donné 70 à cinq, c'est-à-dire au quart de la période. Si on le

coupait à dix ans, il fournira dix-huit cents de
bourrées et fagots, qui vaudront le cent 16 francs,
et seize stères de bois à charbon, valant ensemble
352 francs. Cela s'explique par la raison qu'à cinq
et à dix ans, les rameaux n'ont pu qu'être traduits
en bourrées, tandis qu'à vingt ans ils ont acquis
une force qui permet d'en tirer du bois à charbon
et de chauffage. Un taillis de vingt ans peut fournir 90 stères de bois à charbon à 4 fr.; ci.   360 f.

25 stères de chauffage à 10 fr. . . . . .   250

18 cents de bourrées à 15 fr. . . . .   270

Valeur d'un taillis de vingt ans sans culture.   880 f.

Il résulte de ces chiffres qu'un taillis de
cinq ans vaut l'hectare. . . . . . . . . .   70 f.

De dix ans. . . . . . . . . . . . .   350

De vingt ans . . . . . . . . . . . .   880

Et de vingt ans aussi, s'il a été éclairci et
nettoyé . . . . . . . . . . . . . . .   1,100

A trente ans. . . . . . . . . . . .   1,800

Il y a peut-être autant de stères dans un taillis
de douze ans que dans un taillis de vingt ; mais à
douze ans, on a des stères de ramilles, tandis qu'à
vingt ou à trente ans, on a des solides.

Il en sera de même pour les taillis coupés à vingt
ans relativement à ceux de trente ; car bien des
bois qui seraient tombés en charbon valant 4 francs
le stère, seront transformés en bon combustible

valant 12 francs si le taillis est coupé à trente ans.
Les taillis coupés dans des conditions les plus dé-
savantageuses sont ceux qu'on coupe de trente-cinq
à soixante-dix ans ; car, entre ces deux âges, les
arbres ne donnent que du chauffage valant 12 francs
le stère, qui en vaudrait 40 à 50 si on attendait
que ces bois pussent faire de très belles charpentes, c'est-à-dire à cent ans.

Ce que nous venons de dire s'applique peut-être
plus particulièrement au chêne; mais pour les autres
essences, il en sera de même : le hêtre, le frêne,
etc., n'ont une plus grande valeur qu'en raison de
leur volume et de leur âge par conséquent.

Nous conclurons donc que lorsqu'un arbre ou un
taillis se maintient dans une bonne progression,
l'instant le plus favorable pour le couper sera celui
qui se trouvera entre vingt-huit et trente-cinq ans
pour les bois qui ne reçoivent pas de culture, et
lorsque la progression se maintiendra jusqu'à cet
âge, et en prenant l'intérêt de 4 à 5 p. 0/0 ; et de
trente-cinq à quarante ans pour ceux qui végètent
dans un bon sol, et qui sont nettoyés et éclaircis.
A ces âges, le plus généralement, on aura recueilli
le maximum des produits, et le repeuplement naturel se fera plus facilement ; car la terre est restée
assez de temps couverte pour que les plants de semis aient pris de la force et ne craignent plus l'air
libre et les autres phénomènes atmosphériques.

A ces âges encore, les baliveaux se sont élancés à l'abri de leurs voisins et promettent de beaux sujets.

## FURETAGE.

Le furetage est un mode d'aménagement qui convient aux taillis qui se trouvent dans les montagnes, les coteaux et dans d'autres terrains qu'il serait dangereux de découvrir entièrement. Ce mode consiste à venir couper, tous les dix ans, les brins qui ont acquis une certaine force, et à conserver les plus faibles, qui seront coupés dix ans plus tard. La coupe de ces brins doit être faite très près de terre, afin de forcer les recrus à jaillir du pied de la souche et à s'enraciner. En apparence, on croirait que les sujets restants doivent considérablement souffrir de ces exploitations successives, et cependant le mal n'est pas aussi considérable qu'on pourrait le croire. Quelques sujets, en effet, seront peut-être rompus; mais comme les souches donnent toujours plus de brins qu'elles ne peuvent en nourrir, la deuxième année il n'y paraîtra plus. Dans des terrains de cette nature, c'est le seul moyen à employer si on tient à la conservation des souches et au repeuplement par semis. Si de pareils sols étaient entièrement découverts, on risquerait de les frapper de stérilité, et de les rendre impropres à aucune espèce de culture, ce qui est confirmé par de trop nombreux exemples.

Dans ces genres d'exploitation, comme dans les éclaircies, les produits doivent être enlevés aussitôt et déposés au long des chemins. Dans certaines localités, dans des montagnes moins exposées aux accidents que je viens de signaler, on pourrait préférablement laisser un grand nombre de baliveaux, qui seraient abattus et remplacés tous les dix ans.

### DE LA FUTAIE SUR TAILLIS.

D'après le mode le plus généralement accueilli en France, il n'est peut-être guère de taillis sur lesquels il ne se trouve un plus ou moins grand nombre d'arbres de futaie, qui ont pour caractère d'être plus ou moins élevés, plus ou moins bien venant, selon le terrain où ils croissent. Le propriétaire qui est désireux de retirer le plus grand revenu dans un temps donné, doit demander à chaque nature de sol ce qu'elle peut produire. La futaie donnera de très beaux résultats dans les terres franches et profondes, dans les parties basses un peu humides, dans les expositions au nord, à l'ouest, etc. C'est donc seulement dans ces situations qu'on doit la cultiver, en appropriant au sol les essences qui lui conviennent le mieux et qui sont d'un prix relativement plus élevé.

Dans les parties sèches, dans les sols peu profonds, si on réserve des baliveaux, ils doivent être peu nombreux, car cette réserve ne peut avoir pour but que d'en faire des porte-graines; ici encore, les essences doivent être choisies et les arbres répartis de manière à ce que les semences puissent facilement se répandre.

Dans les terrains du genre de ceux-ci, ce serait un anachronisme déplorable que d'y réserver de la futaie, puisqu'elle n'y croîtrait que lentement et ne pourrait être qu'un embarras pour le taillis.

### RÉSUMÉ.

De ce que nous venons de dire, il ressort qu'avant de déterminer l'aménagement d'une forêt, on doit connaître l'accroissement progressif et annuel de chacune des parties qui la composent, et qu'en raison de la mesure de cet accroissement, telle partie peut être avantageusement coupée à quinze ans, quand une autre exigera de l'être à vingt, vingt-cinq, trente, etc., selon son degré de progression annuelle, afin de recueillir, comme je l'ai dit, le plus grand revenu possible. C'est cependant le contraire qui se fait dans la généralité de nos forêts. Bien des propriétaires, sans égard aucun, coupent leurs bois à un âge uniforme.

### CHANGEMENT D'AMÉNAGEMENT.

Il peut se présenter de certains cas où le propriétaire d'une forêt, convaincu qu'il ne jouit pas du plus grand revenu de ses bois parce qu'ils sont coupés trop jeunes ou trop vieux, désire apporter quelques modifications à cet ordre de chose ; mais si ces bois sont coupés trop jeunes, en apparence, il faudra être quelques années sans abattre, et par conséquent sans recueillir de fruits, surtout si le propriétaire veut, pour l'avenir, couper ses taillis à trente ans au lieu de quinze ans, période de l'aménagement actuel. Ces craintes ne sont pourtant pas fondées, car on peut arriver au but désiré et cela progressivement et sans transition brusque. Pour atteindre ce résultat, il suffira, pour l'avenir, de ne couper chaque année qu'*un seul hectare au lieu de deux*, si la forêt dont il s'agit contient trente hectares. La trentième année, le nouvel aménagement sera complet, et le propriétaire aura coupé, dans l'intervalle, des bois de vingt-un à trente ans qui lui auront donné une partie de l'augmentation du revenu attendu.

### DES FUTAIES NON RÉSINEUSES.

Les futaies en massifs pleins s'exploitent de diverses manières, mais dont l'application doit varier selon les localités, les essences et la nature des terrains où elles croissent.

### DES COUPES PLEINES ET SOMBRES.

La coupe pleine ou à blanc étoc consiste à couper à ras le sol tous les arbres qui se trouvent dessus, en

conservant un nombre raisonnable de porte-graines
destinés à la reproduction. La forêt de Villers-Cot-
terêts, jusqu'en 1834, n'avait pas été traitée autrement, et les résultats étaient très beaux. La première année de la coupe, le terrain restait découvert sans trace de végétation : mais la troisième
un grand nombre de bois blancs commençaient à
poindre, et ce n'était guère que la huitième année
que les semis de bois durs commençaient à paraître.
La vingt-cinquième ou la trentième année, on
faisait enlever les bois mous, et alors les semis
durs, sur quelques points, étaient si considérables,
qu'une infinité était disparue avant la coupe. Il est
important de dire que cette forêt se compose en
général d'un sol excellent qui se prêtait à ce mode
d'aménagement. La liste civile depuis cette époque
a remplacé ce mode par des coupes sombres d'abord,
et celles-ci par le système allemand, le jardinage ;
mais dans un sol aussi généreux, je crois que l'application de ce système est défectueux, tant à cause
des frais considérables d'exploitation qu'il entraîne
avec lui, que de tous les inconvénients qui en sont
la conséquence, et que je signalerai plus loin.
Dans des terrains de cette nature, la coupe sombre
seulement devrait être pratiquée. On pourrait enlever la totalité des arbres en deux coupes : la première
comprendrait les six à sept dixièmes, et les quatre
ou trois dixièmes restant, qui devraient se composer

des essences de choix, seraient enlevés en une
seule fois, aussitôt que le terrain serait suffisamment peuplé. Si l'aménagement ou l'exploitation en coupe pleine peut convenir dans de
certaines localités, il est inapplicable dans le plus
grand nombre. La forêt de Compiègne, voisine
de cette dernière, et grand nombre d'autres, se
compose en grande partie de terrains secs; l'abattage à blanc étoc y serait désastreux. Lorsque
cette forêt était soumise à ce régime, aucun semis
ne paraissait, et le domaine de la couronne était
forcé de défoncer et de mettre des plants enracinés. Dans de pareils sols, comme dans les versants,
la coupe sombre doit seule être pratiquée, et mieux
vaudrait n'enlever que quinze années plus tard la
portion des arbres qui doit opérer le repeuplement
par semis naturels, que de l'enlever trop tôt et
être obligé de faire les frais de plantation. La coupe
sombre que je veux définir est une première
coupe faite dans un massif de futaie et qui doit,
selon la position et la nature du sol, enlever des
deux cinquièmes aux trois cinquièmes des arbres actuellement existant, en choisissant les plus mûrs.
Trois ou six ans après, selon l'effet produit par la
première coupe, on enlève un cinquième seulement
si les semis ne sont pas suffisants, ou la totalité si
on trouve le terrain convenablement garni. Si les
semis manquaient dans quelques endroits, il serait

utile d'y laisser quelques arbres pour les garnir
et les ensemencer. Dans les terres sèches, les coupes sombres ont un avantage incontesté en ce sens
qu'à l'ombrage de la portion des arbres qui sont
conservés, les graines germent et les plants s'élèvent. Les produits de la dernière exploitation doivent être enlevés incontinent et les travaux bien
conduits et poussés activement.

Lors des exploitations sombres, il est une précaution que le forestier ne doit pas négliger, c'est
celle sur les lisières du côté où les vents violents
soufflent, de conserver un plus grand nombre
d'arbres, car il y aurait à craindre que, lors des
ouragans, les vents ne s'introduisissent dans les in-
tervalles et ne déracinassent une grande partie des
sujets qui doivent opérer le repeuplement.

### AMÉNAGEMENT PAR BANDES ET EN JARDINANT.

L'aménagement des massifs de futaie par bandes
est à peu près le même que la coupe pleine,
dont je viens de parler, à l'exception qu'elles doivent être longues, étroites, et quelquefois tortueu-
ses. Un massif de futaie de 20 hectares, par exemple, est divisé en dix ou quinze bandes, et chaque
année, une de ces bandes est exploitée en laissant
seulement quelques porte-graines. L'année suivante, on prend la coupe sur un autre point du

massif, et ainsi de suite jusqu'à son épuisement.
Ce mode d'aménagement est à peu près le même que
la coupe pleine ; mais il offre sur lui un autre avantage, c'est que les bandes non exploitées encore
répandent des graines dans le terrain découvert, et
opèrent l'ensemencement. Autant que possible, on
doit diriger ces bandes de l'est à l'ouest pour éviter
le dessèchement du sol.

L'exploitation des massifs de futaie en jardinant
est un vieil usage qui est encore assez généralement suivi malgré les inconvénients qu'il présente.
Cet aménagement consiste à repasser, tous les deux
ou trois ans, dans un même massif pour enlever
les arbres dépérissant et ceux que l'on croit arri-
vés à leur maturité. Un pareil travail est vicieux
sous bien des rapports ; car une infinité de
plants sont écrasés dans le cours des exploitations trop souvent répétées, et la main-d'œuvre
compliquée vient absorber une grande partie
du revenu. C'est peut-être le cas de dire que s'il
faut de l'ombrage aux jeunes plants, pas trop n'en
faut cependant. Dans l'aménagement en jardinage,
la croissance des jeunes sujets se trouve considérablement retardée par le séjour trop prolongé des
vieux arbres, et beaucoup meurent avant d'avoir
pris le dessus.

L'aménagement en coupes sombres est sans contredit le meilleur, et celui qui convient à toutes les

essences, comme à toutes les localités, et dont l'application peut être faite selon les circonstances locales et le degré ou de fertilité ou de fraîcheur du sol. Se trouve-t-il un massif de futaie dans un bon sol, un peu frais, de bonne fertilité, on peut abattre les quatre sixièmes des arbres, et venir enlever le restant lorsque le terrain sera suffisamment regarni ; le terrain est-il sec, opère-t-on dans des versants, dans des expositions au midi : dans ce cas, on doit enlever les arbres dans cette proportion : deux cinquièmes la première coupe, deux cinquièmes la deuxième, et le dernier cinquième lorsque le terrain est peuplé. Dans toutes circonstances, on doit laisser, pour être coupées en dernier lieu, les essences qui ont le plus de valeur et qui doivent perpétuer leur espèce.

### AMÉNAGEMENT DES ARBRES RÉSINEUX.

Le seul aménagement qui convienne aux forêts de résineux est encore celui que nous connaissons sous le nom de coupes sombres. L'aménagement par bandes, le jardinage, peuvent être aussi adoptés ; mais ils présentent, pour les arbres verts, les mêmes inconvénients que pour ceux à feuilles caduques. Les arbres verts ne repoussent jamais de souche. On gagne quelques pieds de bois en les arrachant ; mais en raison de cette première cir-

constance, il est essentiel de s'entourer de beaucoup de précautions pour s'assurer du repeuplement par semis naturels. Nous avons de certaines
montagnes, couvertes de très belles forêts de sapins ou de pins, qui cependant n'ont que quelques
centimètres de terre végétale reposant sur des mas-
ses de rocs. Dans de pareilles situations, combien
serait-il dangereux de découvrir entièrement le sol !
aussi le forestier doit-il bien s'en garder; car il
serait désormais impossible de rien faire produire
à des terrains de cette nature si une fois ils étaient
desséchés et exposés aux ardeurs d'un soleil brûlant.

Selon le degré de fraîcheur du sol, on doit enlever la première coupe, une plus ou moins grande
quantité des arbres existants ; mais dans tous les
cas, la dernière portion ne devra jamais être enle-
vée avant que le terrain soit garni complétement
et suffisamment.

Par des éclaircies convenablement exécutées, on
peut aussi augmenter la croissance des résineux,
et rapprocher par conséquent l'époque de leur maturité, qui est à peu près complète lorsque leur
cime s'incline ; mais ces éclaircies doivent être faites
modérément, car un des besoins de ces arbres pour
s'élever, c'est d'être serrés, sans que cette circonstance nuise à leur développement. Les résineux
ont cela de particulier que, quoiqu'ils aient des

racines nombreuses et traçantes, elles ne sont pas
très longues et se terminent brusquement.

### EXÉCUTION DE L'AMÉNAGEMENT.

Lorsqu'une forêt aura été examinée dans toutes
ses parties, et que la loi de l'accroissement sera
reconnue pour chacune des portions qui la composent, ce sera l'instant de faire un arpentage général comprenant tout l'ensemble, et distinctement
les parties qui doivent être coupées, soit à quinze,
vingt, vingt-cinq, quarante, cinquante ans, etc.,
qui seront subdivisées à leur tour en autant de
parties que la période d'aménagement devra durer d'années. Les coupes devront toujours aboutir
sur les chemins et les routes, afin de faciliter la
traite des produits. La première coupe devra être
prise dans la partie opposée aux vents froids et desséchants comme aux ardeurs du soleil. A chacun
des angles des coupes, il devra être planté des bornes portant des numéros correspondant au plant
d'aménagement, et les lignes séparatives des coupes entre elles devront être ouvertes sur un mètre
de largeur, en faisant arracher les bois qui se trouveraient dans leur étendue. Ces sentiers sont utiles
pour fixer invariablement la position de chaque
coupe, pour l'introduction de l'air et de la lumière
dans l'intérieur des massifs, et pour faciliter la
garde des forêts. En arrachant ces bois, on ne doit

pas craindre de diminuer les produits des coupes qui se trouvent sur les côtés de ces sentiers ; car les rachées voisines ; ayant plus d'espace, plus de nourriture conséquemment, prendront plus de développement, et ce supplément d'accroissement indemnisera suffisamment de la perte de quelques rachées. Du reste, ces bois sont abattus toutes les fois que l'on fait l'assiette des coupes, et sont souvent abandonnés aux gardes ou vendus peu de chose en raison de la difficulté de leur exploitation.

## MARTELAGE.

C'est ici le lieu de parler du martelage appliqué aux taillis dont les sujets réservés ne sont autre chose que le complément de leur aménagement, et dont les produits, un jour, viendront grossir la somme du revenu annuel. Dans des circonstances, cependant, le choix des réserves ne peut être considéré que comme un moyen de reproduction ; et dans ce cas, le forestier doit s'attacher à conserver les essences de premier ordre, surtout celles qui conviennent à la nature du sol, afin d'en développer l'espèce et de les substituer aux essences de second ordre ; et pour ne pas charger inutilement le dessous, le nombre devra en être restreint et le choix fait parmi ceux des arbres qui ont une tige élevée et peu branchue. Ces réserves, en outre, seront distribuées plus particulièrement du côté où

les vents soufflent le plus ordinairement pour que
les graines soient portées dans l'intérieur des massifs. Dans les terrains humides, submergés quelquefois, on ne doit guère y réserver que quelques
porte-graines, afin de laisser à l'air et aux rayons
solaires le soin d'enlever l'excès d'humidité. Dans
des conditions semblables, sauf les exceptions que
je viens de faire, le taillis seul doit y être cultivé.

Dans d'autres cas, comme je l'ai dit plus haut,
les réserves sont appelées à jouer un certain rôle
dans le revenu d'une forêt. Le forestier, dans ce
cas, doit faire choix des baliveaux provenant de semences préférablement aux brins qui se trouvent
sur souche. Si, cependant, ces premiers étaient
étiolés, longs sans être trapus, bien ramassés,
mieux vaudrait en réserver sur souche ; car ces
plants, n'étant plus abrités par le taillis, se trouveraient tourmentés par les vents, les neiges et le
givre, se courberaient ou seraient rompus. Mais
toutes les fois qu'il sera possible d'en trouver rem-
plissant des conditions favorables, on doit les conserver. L'arbre provenant de semis aura toujours
une tige plus élevée, plus droite, sera plus sain ;
et, après un certain temps, il poussera plus vigoureusement et vivra plus vieux que celui pris sur
souche.

Le forestier qui fait un martelage doit conserver
les arbres sains, ceux qui ont une belle apparence

de croissance, une écorce claire, une tige droite, des rameaux vigoureux et bien élancés. Tous ces indices annoncent ordinairement un arbre d'un bel avenir. On doit éviter de faire choix des arbres bifurqués, à moins qu'on ne les destine à faire des courbes, en les traitant comme je l'ai indiqué dans l'article ELAGAGE.

Quant au nombre de baliveaux à réserver par hectare, il ne peut guère être indiqué, puisqu'il doit être en rapport avec la qualité du terrain : peu nombreux lorsqu'il s'agit de porte-graines seulement, et davantage dans des conditions favorables. Mais cependant, même dans ce dernier cas, pour ne pas trop couvrir le taillis, on ne guère peut en conserver que de cinquante à soixante par hectare ; et mieux vaut soixante que cinquante ; car, à la coupe suivante, on aura à supprimer ceux qui ne promettront pas de faire de beaux arbres, et toujours il s'en trouve un assez grand nombre qu'il faudra abattre.

Si dans certains sols cependant, la futaie était d'un plus grand produit que le taillis, et qu'on voulût qu'elle y tînt la plus grande place, le nombre des baliveaux à réserver serait plus considérable, et pourrait comprendre tous ceux qui offriraient de l'avenir. Le cas dont nous venons de parler est une exception ; car, le plus généralement, le produit le plus grand vient du taillis qu'on n'a pas intérêt à

6

surcharger. Dans des circonstances ordinaires ,
j'admets que la première coupe on réserve cinquante
baliveaux, et la deuxième cinquante, le nombre sera
alors de cent ; mais dans la première réserve, vingt
seront opprimés comme mal venant, ce qui réduira la
quantité à quatre-vingts ; la troisième coupe, quarante seront de nouveau réservés, qui, joints aux
quatre-vingts des deux premières coupes, porteront
le nombre à cent vingt, dont vingt de la dernière
réserve seront supprimés pour les causes que j'ai
indiquées, et sur ceux de deux âges, on trouvera
bien encore dix suppressions à faire, ce qui réduira
la quantité à quatre-vingt-dix ; la quatrième coupe,
on aura des anciens dont une partie pourra être
abattue ; de nouvelles suppressions seront encore
faites, de sorte que, même en comprenant les baliveaux de cette quatrième coupe, le nombre des
réserves se trouvera toujours de cent à cent vingt
par hectare. Je crois, en effet, qu'un propriétaire
qui tient à son taillis ne peut, sans lui nuire, le
charger d'un plus grand nombre d'arbres de futaie.
Cette fois encore, les réserves ont deux missions à
remplir : celle d'abord de fournir leur contingent
du revenu, et celle en outre de repeupler le terrain. Pour ces deux raisons, le forestier devra encore s'attacher à réserver les essences qui doivent
dominer et qui offrent le plus d'avantage.

Dans les taillis où il se trouverait de vieilles écor-

ces donnant des signes de dépérissement et de dé-
cadence, on doit les enlever; car c'est un capital
endormi, et leur présence, en outre, nuit aux bois
voisins et tient une place qui serait occupée plus
productivement par d'autres.

## SECTION VI.

### Abattage et Exploitation.

#### ABATTAGE.

Je répéterai ici ce que j'ai dit dans l'aménagement des forêts en général : que pour couper un
taillis ou un arbre, il faut choisir l'instant de leur
vie où ils doivent donner, dans le plus court délai,
la plus grande valeur en argent, ce qui aura été
déterminé à l'avance et de la manière dont je l'ai
indiqué dans la section AMÉNAGEMENT.

Si l'aménagement et d'autres motifs peuvent
avoir une grande influence dans la conservation
des forêts, les différents modes d'abattage qu'on y
pratique ne doivent pas en avoir une moins grande;
car tel système qui serait avantageux pour certaines localités, pourra avoir des effets désastreux
pour d'autres. Ici, comme dans tous, le propriétaire doit avoir deux considérations en vue : la première, de faire produire à son fonds le plus grand
revenu possible, et la deuxième, non moins importante, celle d'adopter dans le cours des exploita-

tions les mesures qui doivent avoir le plus d'influence sur l'avenir de la forêt, objet de sa sollicitude. Je dirai même qu'un propriétaire doit faire des sacrifices utiles, afin de transmettre sa propriété à ses enfants en aussi bon état, sinon meilleure, qu'il ne l'a reçue de ses auteurs. Comme je l'ai démontré dans le cours de la vie végétale, il arrive un temps où les intérêts cumulés dépassent la progression ; mais dans ce cas même, mieux vaudrait perdre quelques années de ces intérêts, et être assuré d'un moyen facile et sûr de repeuplement par semis naturels, que de tirer rigoureusement toute la valeur en argent, et voir son revenu décliner à chaque coupe, et sa propriété vouée à une fin qui pourra se faire attendre peut-être encore longtemps, mais dont l'agonie se fera sentir prochainement. Je ne crois pas inutile de répéter encore une fois que l'on peut espérer beaucoup du reboisement naturel lorsque les taillis sont coupés de vingt à trente-cinq ans, pour peu que la nature du sol s'y prête, et si on ne laisse échapper aucune des causes qui peuvent le favoriser. Dans le cours des exploitations, par exemple, n'importe l'âge auquel les taillis sont coupés, lorsque dans l'intérieur des coupes il se rencontre *des plants de semis naturels*, on doit laisser *intacts* tous ceux qui n'auraient pas au moins 4 centimètres de pourtour; car s'ils étaient récépés dans cet état, n'étant pas suffi-

samment enracinés, et étant tout à coup, par l'élévation du nouveau taillis, privés d'air et de lumière,
ils seraient infailliblement absorbés par les bois voisins, qui végéteront plus rapidement qu'eux. Si, au
contraire, ces jeunes semis sont conservés, à la première coupe ils auront acquis assez de force pour
se défendre, et former plus tard de très belles
rachées. Quelques-uns certainement pourront être
rompus ou abaissés par la chute des autres bois ;
mais cette circonstance n'est pas tant à redouter
qu'on pourrait le croire, car ces jeunes brins seront
très souples ; et seraient-ils rompus, que cette mu-
tilation n'arrêterait guère leur développement, et
ils ne seraient pas moins aptes à remplir les conditions qu'on attend d'eux.

Si, comme je viens de le dire, un mode uniforme
d'abattage ne peut convenir à toutes les localités, il
en sera de même pour les essences qui les boisent.

En effet, le hêtre, l'aune, le frêne, le châtaignier, qui donneront de très belles cépées en conservant à chaque brin une couronne d'un ou deux
centimètres, pourront ne pas repousser, ou au
moins un certain nombre, si la section était faite
trop près du niveau du sol. Lorsque pourtant des
souches de ces diverses essences ne donnent plus
que de faibles produits, qu'elles sont à leur fin,
pour les régénérer, pour forcer les recrus à partir
du bas de la souche et par conséquent à s'enra-

ciner, on ne doit pas hésiter à en faire le ravalement. Je me suis toujours trouvé satisfait de cette pratique. Peuvent être classés parmi les bois qui ne souffrent guère la coupe radicale, tous ceux dont les eaux auraient mis les racines à nu et qui auraient isolé et mis à découvert la partie de la souche d'où les bourgeons peuvent sortir.

Ces préliminaires déduits, je vais maintenant indiquer le mode d'abattage qui convient à chaque localité. Dans les terrains bas, inondés, humides, et où les eaux tiennent les terres dans un état permanent d'ascension, il serait dangereux de couper trop bas; les grandes pluies et les gelées venant enfler le sol, couvriraient la section, et la fermentation qui pourrait s'établir entraînerait la perte d'un grand nombre de souches.

La coupe au-dessous du sol serait d'autant plus déplacée dans ces terrains, que la reproduction par semis naturels se fait très facilement, ce qui ne se présente pas pour les localités dont nous allons parler.

Dans les terres sèches, élevées, où les accidents signalés ne sont pas à craindre, et encore dans les taillis où la reproduction par semis naturels est impossible, puisque dans ces diverses conditions les graines et les plants qui en seraient la conséquence ne trouvent pas l'humidité ou l'abri suffisant à leur développement, on doit abattre le

plus près de terre possible. Dans ces diverses circonstances, si on n'a rien à espérer de la reproduction par semis, il faut y suppléer par d'autres moyens,
et ces moyens se présentent naturellement au forestier. Si on coupe une souche à ras le sol, on forcera les recrus à jaillir de la partie qui se trouve
en terre, et ces recrus touchant au sol s'enracineront,
produiront de nouvelles souches, et celles-ci, traitées de même, en produiront d'autres. De sorte
que la régénération qui ne peut se faire par semis,
se trouvera réalisée par la souche même. Ce n'est
pas une autre cause qui nous fait trouver dans
les forêts, des recrus qui se sont étendus quelquefois à plusieurs mètres du centre de la vieille souche. On peut reprocher à ce mode d'abattage de
faire périr quelques souches qui auraient pu, durant quelque temps encore, donner beaucoup de
bois; mais le fait étant reconnu vrai, ce qui ne
s'est pas confirmé dans nombre d'expériences,
serait-il plus avantageux de couper en couronne
et être assuré que dans un temps donné, ces vieilles
souches disparaîtront sans laisser rien à leur
place, que de les ravaler et être sûr qu'une petite
quantite mourra et que presque toutes fourniront
trois pour une de souches nouvelles? Toute la
question est là... on ravale une vieille souche,
mais autour il s'en forme trois ou quatre nouvelles. Pour moi je n'hésite pas à conseiller le

moyen qui doit assurer la conservation. On
peut reprocher encore à la souche coupée à
ras le sol de donner un moins grand nombre
de recrus que celle coupée en couronne; mais
dans ce cas même, si la section radicale donne
moins de recrus, ils sont plus vigoureux et prennent de plus fortes dimensions que ceux de la
vieille souche ; d'ailleurs ne sait-on pas que le
nombre de ces recrus est toujours trop considérable et que les deux tiers meurent avant la coupe ?
Partout du reste où le taillis est coupé assez vieux
et que la régénération par semis est assurée, on doit
abattre les souches proprement, mais sans les pi-
quer, puisqu'on n'attend d'elles que la plus grande
masse de bois possible. Dans toutes les circonstances et quelle que soit l'essence, les souches
dépérissant, celles qui ne donnent plus que des
produits maigres doivent êtres ravalées pour forcer les recrus à partir du pied et à s'enraciner.
Dans le cas où les souches sont ravalées assez près
du sol, on doit obliger le bûcheron à détourer leur
pied, soit avec la cognée ou avec un hoyau, afin
d'ôter la terre ou le gazon qui pourrait masquer
le collet et par là s'opposer à la sortie du bourgeon.
Le travail n'est pas important pour l'ouvrier, car il
le fait ordinairement dans la conservation de ses
outils ; mais comme la mesure est urgente, sinon
indispensable, le forestier doit l'exiger.

Des propriétaires ou des forestiers craignent de
faire ravaler une souche; mais il arrive souvent que
ce que les forestiers paraissent rejeter, se réalise
contre leur volonté. Dans la plupart des bois abattus en couronne, soit avant, soit durant l'hiver, il
arrive très souvent que les gelées dilatent les fluides contenus dans le liber ou entre la partie li-
gneuse et les couches corticales et opèrent la désu-
nion de ces parties entre elles. Les premiers rayons
solaires viennent plus tard achever ce que les
gelées ont commencé, et la couronne qu'on aura
voulu conserver, se desséchant, forcera le bourgeon
à sortir du pied de la souche.

Je citerai un fait qui doit offrir quelque sécurité
aux propriétaires qui voudraient faire ravaler des
souches dans leurs taillis. Je passai dans un bois
où les ouvriers préparaient un terrain pour être
replanté. Sur plusieurs points de ces défonces il
existait un assez grand nombre de vieilles souches
de chêne que le propriétaire avait négligé de faire
extraire ; ces ouvriers n'ayant pas d'outils convena-
bles pour les enlever, ils les mutilèrent avec des
pioches pour en retirer le plus de bois possible. Pré-
voyant que ces souches pourraient encore, malgré
ces mutilations, donner quelques bourgeons, la
deuxième année je repassai dans les plantations
pour vérifier mes doutes et je ne fus pas surpris
de voir que toutes, quoiqu'elles eussent été recou-

6.

vertes de 15 à 25 centimètres de terre, avaient donné des pousses vigoureuses. Il est vrai que cela se passait dans un sol très sain et que le résultat n'eût peut-être pas été le même dans des parties humides.

Comme règle générale, on doit toujours abattre le charme assez près de terre, car il donne toujours un trop grand nombre de recrus; et comme je l'ai dit, doivent être traitées de même toutes les souches dépérissantes pour les régénérer; de même encore l'acacia, dont les racines reproduisent plus facilement que la souche.

La crainte de perdre des souches en les ravalant n'existe du reste que pour les taillis qui sont coupés depuis longtemps au-dessus du sol; car dans les forêts nouvellement créées et qui se trouveraient composées de terrains sains, la première coupe devra toujours être faite à ras le sol, afin de ne pas laisser les souches s'élever.

L'instant préférable à l'abattage des bois en général, est celui qui précède l'apparition de la sève; les mois d'octobre et suivants jusqu'au mois de mars sont surtout préférables. J'ai vu cependant des bois abattus jusque dans le mois de mai sans que la souche ni les recrus en souffrissent en apparence; mais comme il y a toujours une grande déperdition de sève toutes les fois que les bois sont coupés trop tard, la souche ne peut qu'en être affaiblie, et mieux vaut abattre plus tôt. Pour les vieux arbres, peu importe l'instant de les abattre puisqu'ils ne repoussent guère de souche et qu'ils sont préferablement arrachés. Pourtant ils doivent l'être assez tôt pour que leur chute ne nuise pas au taillis. Lorsque les vieux arbres sont arrachés et qu'on veut faire replanter les places qu'ils occupaient, on doit y mettre une essence différente de celle qui s'y trouvait ; car, je le répète, les bois, comme les céréales, s'arrangent mieux d'une culture alterne. Lorsque, dans les exploitations, il se rencontre des arbres bifurqués de quelque valeur, avant de les abattre il est prudent de les faire monter pour détacher l'une des branches principales, car il pourrait arriver que ces arbres se fendissent en tombant, ce qui causerait un dommage toujours considérable.

Avant de commencer les exploitations, on doit faire arracher les épines, les ronces et les autres végétaux nuisibles qui seront façonnés et mis en tas. Si on attendait que les ouvriers les arrachassent au fur et à mesure de l'abattage, un grand nombre serait oubliés et les exploitations ne seraient jamais propres.

La section de tous les bois destinés à reproduire des souches doit être franche, nette et perpendiculaire à l'axe du sujet abattu, de manière que les eaux ne puissent séjourner dessus. Ce n'est

pas que cette mesure soit de nécessité absolue,
puisque nous voyons des souches dont le centre
est ouvert ou pourri et n'ayant souvent que l'écorce,
qui donnent de très beaux jets ; mais ne serait-ce
que comme propreté, on doit exiger ce soin des
ouvriers. Des forestiers font abattre les bois à la
scie, dite passe-partout, dont les manches sont
perpendiculaires au plat de la lame ; mais si ce
moyen peut faire profiter de quelques centimètres
de bois, la section n'est et peut jamais être faite
assez près de terre, et souvent les ouvriers sont
obligés de rapprocher à la cognée.

Une condition assez essentielle pour la souche
qui est découverte, c'est de n'être pas privée d'air
ni de lumière. Le forestier dans le cours de l'abattage, ne serait-ce que comme ordre et pour faciliter ses inspections quotidiennes, doit, à mesure que
les bois tombent, les faire façonner et mettre en
ramiers. Si ces précautions ne sont pas prises, les
souches qui se trouveraient engagées sous les bois
seraient soustraites, durant un temps plus ou moins
long, aux influences atmosphériques, se couvriraient
de moisissure, s'échaufferaient et souffriraient, si
elles ne mouraient pas. Il en sera de même pour les
fagots, les bourrées et autres produits des exploitations, qui ne devront jamais être entassés, même
en petite quantité, que sur des chantiers formés
des mêmes bois et disposés de manière à laisser

circuler l'air : les lieux bas et les terrains humides réclament surtout ces précautions. Le forestier doit, autant que possible, obliger les ouvriers à déposer leurs bois ailleurs que sur les souches.

### ESSENCES SENSIBLES AU FROID.

Je crois utile de dire ici quelques mots sur l'abattage des essences sensibles aux gelées. Parmi elles se présente le châtaignier, le frêne, quelques fois l'acacia, etc., dont la souche souffre beaucoup lorsqu'elle est découverte durant les fortes gelées. On sait que le froid rigoureux agit sur les végétaux par la dilatation excessive des fluides qu'ils contiennent, et que ce phénomène peut causer de graves désordres, sinon la mort des sujets ainsi attaqués. On peut atténuer leurs effets en abattant ces essences avant ou après l'hiver, du 1er octobre au 15 novembre, par exemple. Les souches découvertes à cette époque étant restées exposées assez de temps aux rayons solaires et à l'action de l'air, lorsque les froids arrivent, les fluides séveux sont évaporés ou reflués vers les racines, et comme la partie extérieure de la souche sera dans des conditions favorables, elle aura moins à craindre. Si ces essences sont abattues durant les fortes gelées, les souches étant imbibées de fluides auront moins de chances d'échapper

au danger. On peut encore soustraire les souches
à ces inconvénients, en les faisant abattre après
l'hiver seulement ; mais comme ces diverses na-
tures de bois sont généralement destinées à faire
des cercles ou quelques autres menus ouvrages,
elles sont, par ce fait, exploitées assez jeunes, et
cette raison met obstacle à la régénération par
semis naturels ; si on les coupe après l'hiver,
toutes repousseront de la partie la plus extérieure
de la souche, et cette souche mourant, elle ne laissera rien pour la remplacer. Il n'en sera pas de
même si on abat en octobre et novembre, car une
grande partie repoussera du pied, et les recrus
touchant au sol ne manqueront pas de s'enraciner
et de former des souches nouvelles.

Je concluerai donc que ces essences doivent
être abattues soit en octobre ou novembre, ou
du mois de mars au 15 avril ; mais à cause de la
reproduction, préférablement elles doivent être
abattues dans les deux mois qui précèdent dé-
cembre.

Il serait à désirer, pour la reproduction des bois
en général, que les exploitations fussent terminées
au plus tard dans la première quinzaine de juin, et
les produits débardés et déposés sur le bord des
coupes, dans des terrains vagues que les propriétaires doivent consacrer à cet usage. S'il était impossible de vider avant ce délai, il faudrait faire

terminer la traite au moyen de bêtes de somme, car l'introduction des voitures dans les coupes, à cette époque, causerait un préjudice considérable. Pour les bois dont le volume ne permettrait pas l'enlèvement au moyen de bêtes de somme, il serait préférable de le suspendre jusqu'après la sève d'août ; car alors les recrus sont plus fermes et résistent mieux au choc.

Quant à l'exploitation des massifs de futaie, il est bien certain que les mêmes craintes n'existent pas, puisque les semis ne se montreront que beaucoup plus tard. Du reste, en considération de l'importance de ces exploitations, un délai aussi court serait insuffisant.

L'exploitation terminée et la coupe libre, ce sera l'instant de faire les travaux d'assainissement et le curage des fossés, soit d'écoulement des eaux, soit de ceux de clôture.

## DES PRODUITS.

L'emploi de tous nos arbres indigènes et de ceux qui sont importés depuis longtemps, et les différents produits que l'industrie en tire, sont suffisamment connus de tous les forestiers et des propriétaires pour me dispenser d'en faire l'objet d'un article spécial. Je me bornerai à dire seulement que le choix des ouvriers qui sont appelés à la fabrication de ces diverses espèces de produits, peut jouer un grand rôle dans les résultats attendus. Dans la fente du hêtre, en objet de râclerie de toutes sortes, dans la boissellerie, dans la fente des lattes, etc., un bon ouvrier fera produire à la même quantité de matière de un cinquième à un quart en sus d'un ouvrier médiocre ; un bon scieur de long, tirant bien parti des bois qu'il est appelé à débiter, pourra offrir la même différence. Non seulement il peut exister entre un bon et un mauvais ouvrier une grande différence dans l'emploi de la matière, mais encore le bon ouvrier produit une marchandise mieux confectionnée, et qui, par ce motif, sera d'un placement plus facile et se vendra plus cher. D'un bon charbonnier à un médiocre, la différence ne sera pas moins grande : le bois bien traité rendra plus en volume, le charbon sera d'un poids plus considérable, et peut-être cette différence sera-t-elle plus grande encore dans la somme de calorique dégagé de l'une et de l'autre fabrication. La carbonisation lente donnera toujours un charbon d'une qualité supérieure à celui qui serait fait rapidement ; il dégagera plus de chaleur, et, étant plus dur, il se brisera moins, et le déchet par conséquent sera moins considérable.

Il est donc avantageux pour le propriétaire ou pour le marchand de bois, de faire choix d'ouvriers reconnus intelligents et capables, et de légers sacrifices ne doivent pas les arrêter pour se les attacher, puisque ces sacrifices doivent, en définitive, tourner à leur profit.

On ne doit destiner à la fabrication des lattes que les arbres qui ont peu d'aubier, puisque celles tirées de cette partie de l'arbre se vendent peu cher, et généralement, soit qu'il s'agisse du débit des hêtres, soit en râclerie ou en tous autres ouvrages de fente, soit même le chêne, il sera toujours prudent d'essayer les arbres pour s'assurer s'ils réunissent des conditions favorables ; car ceux des arbres qui seraient d'une mauvaise fente donneraient un déchet considérable, et seraient plus avantageusement convertis en sciage, etc.

Les bois tels que le chêne, l'orme, le frêne, etc., qui sont propres au charronnage comme à l'établissement de pièces d'usines de toutes sortes, doivent, autant que possible, recevoir la destination qui leur est propre. Il est bien certain qu'une pièce de bois de belle dimension sera vendue plus cher au charronnage que si elle était réduite en bois de chauffage, de charpente, etc., selon l'essence et son degré d'utilité. Le sciage de chêne ne doit être fait que dans le bois propre et tendre.

Le hêtre, lorsqu'il est d'une bonne fente, rapporte beaucoup plus en râclerie que débité en sciage, et le sciage rapportera plus que le combustible.

Des taillis de chêne de quinze à trente-cinq ans,

on tire un volume de tan qui a une valeur assez considérable pour engager le propriétaire à ne pas négliger de le faire extraire. On tire aussi du tan de l'écorce des vieux chênes; mais comme les rugosités doivent être enlevées, cet excès de main-d'œuvre fait qu'on ne l'utilise guère. L'écorce du bouleau fournit aussi un tan qui est employé, conjointement avec celle du chêne, pour la tannerie des gros cuirs. Les vieux bouleaux seulement, ceux qui ne doivent pas repousser, sont seuls à peu près employés à cet usage. Les jeunes taillis en fourniraient aussi et d'une qualité supérieure; mais en les coupant au moment de l'ascension de la sève, on risquerait de faire mourir un grand nombre de souches, ou au moins de les altérer considérablement. De l'écorce du bouleau on tire encore la bétuline, qui est employée dans la préparation de certains cuirs de luxe pour leur donner une odeur balsamique.

Le moment convenable pour commencer l'abattage des arbres et l'écorcement, est celui où les boutons se gonflent et commencent à s'épanouir. Les travaux se font plus facilement quand le vent se tient au sud, car la sève est plus abondante.

Le goudron se tire des pins, et son produit est assez grand pour ne pas en négliger l'extraction, lorsqu'on fait une coupe d'une certaine importance. On recueille le goudron en réduisant le bois de ces arbres en charbon, dans des fourneaux *ad hoc*. La partie centrale de l'arbre donne le meilleur et en quantité plus grande que les branches ou les parties extérieures. Le pin maritime et le pin sylvestre, lorsqu'ils ont acquis une certaine force, fournissent le galipot, qui s'obtient en faisant chaque année des incisions au corps de chaque arbre pour livrer passage à un demi-liquide, qui se concrète et qui est recueilli ensuite. Chaque année, la même opération est répétée. Les *épicéas*, par des procédés semblables, fournissent la poix-résine ; le sapin à feuilles blanches, de la térébenthine ; les jeunes mélèzes donnent une matière grasse, connue sous le nom de manne de Briançon. Tous ces produits sont transformés en un grand nombre de corps, dont l'emploi dans les arts est connu sous les noms de résine, poix, goudron, noir de fumée, etc., etc.

Les limites restreintes de ce petit ouvrage ne me permettant pas de m'étendre davantage sur les divers procédés de fabrication des produits qu'on tire de la sève des conifères et des bouleaux, je ne crois mieux faire que d'indiquer la *Maison rustique du dix-neuvième siècle*, excellent ouvrage qui a traité cette partie, parmi une infinité d'autres, avec un soin dont il faut savoir gré aux auteurs.

## SECTION VII.

### Estimation des forêts.

Dans les sections précédentes, j'ai exposé les motifs qui doivent présider à la conservation des forêts
en général, les soins à donner aux pépinières, à la
régénération des bois ; et plus loin, les causes qui
doivent déterminer les propriétaires à couper leurs
bois à un âge plutôt qu'à un autre; et dans une section plus loin, j'ai dit quelques mots sur l'emploi
probable des bois à leur maturité. Dans celle-ci, je
vais faire ressortir les considérations que l'on doit
observer dans l'estimation soit du fond, soit de la
superficie des diverses forêts.

L'estimation des forêts est une annexe indispensable aux connaissances du forestier ; c'est le complément d'une mission dont tous les soins anté-
rieurs n'ont dû avoir pour mobile que d'augmente
te les produits dont il peut être appelé à déterminer la valeur en argent. Cette mission est sans
contredit une des plus importantes, des plus délicates du forestier ; car des intérêts de la plus haute
importance seront ou satisfaits ou mal réglés, selon
les soins et l'aptitude qu'il apportera dans l'accom-
plissement du mandat qu'il aura accepté.

Dans des circonstances pour acquérir, par exem-

ple, on veut connaître la valeur d'une forêt ; dans
d'autres, c'est pour faire un échange, soit de propriétaire à propriétaire, de celui-ci avec l'Etat,
avec des établissements publics ; on veut aliéner
partie ou totalité d'un bois ; des héritiers entre eux
veulent lotir une forêt qui leur est échue : dans
ces nombreuses hypothèses, c'est encore l'estimateur qui sera appelé pour fixer la valeur soit d'une
fraction, soit de la totalité d'une propriété qui se
trouverait dans les conditions que je viens d'énu-
mérer.

### DE LA SUPERFICIE.

L'estimation de la superficie, dans le cas qui va
nous occuper, ne se présente le plus souvent que
lors de la mise en vente d'une portion de la superficie des forêts qui doit en constituer le revenu annuel. Soit que cette superficie doive être vendue
de gré à gré, soit qu'elle le soit par adjudication
publique, le propriétaire du fonds aura besoin,
préalablement, de connaître la valeur de chacune
d'elles. L'estimation d'une superficie de cette nature n'a rien que de très simple, puisqu'il ne s'a-
git que de trouver ce que vaut un hectare de bois
en maturité ou arrivé à l'exploitabilité qu'a réglée le
mode d'aménagement.

Dans cette hypothèse, le forestier se présente
dans les coupes, et fait à part l'estimation de la fu-

taie, s'il y en a ; il ôte de la contenance les places vagues et les chemins, s'il en existe ; et après avoir reconnu la proportion des essences dont le terrain est planté et leur degré d'utilité, il lui restera à fixer, par comparaison, quel prix vaut un hectare de bois qui se trouve dans telles circonstances et dans telles localités.

Il est bien constant qu'on ne peut arriver à déterminer ce que vaut un hectare de bois, qu'en constatant quelle est la quantité supposée des produits de chaque nature, et en leur assignant le prix courant des localités, déduction faite des frais d'exploitation ; sinon, comme je l'ai dit, on l'établit par comparaison à des précédents. Il n'y a guère de forestier qui soit sûr d'arriver à fixer bien exactement le prix d'un hectare de bois, quelque expérience qu'il puisse avoir. Si l'estimation d'une superficie présente quelques difficultés pour celui qui a une longue habitude de ces genres d'opérations, ces difficultés seront plus grandes encore pour la personne qui n'aurait aucune expérience, ou, ce qui serait pis encore, si cette personne (propriétaire du fonds) avait des gardes de la moralité desquels elle ne fût pas sûre.

Pour peu que l'on veuille s'occuper des exploitations, cette expérience est bientôt acquise ; car l'abattage ne tarde pas à venir éclairer les mécomptes de l'estimateur, et le mettre à même désormais de préjuger d'une superficie par comparaison à celles exploitées précédemmeut.

Si on voulait avoir des données plus sûres, et arriver très exactement à connaître la valeur de l'hectare de chacune des portions d'une forêt, on devrait faire abattre et exploiter une fraction d'hectare dans diverses portions que l'on prendrait dans les parties le mieux boisées, dans une partie médiocre et dans la plus inférieure. Ces exploitations en petit serviront à faire l'évaluation, par comparaison, de plus grandes étendues.

S'il s'agissait d'estimer de la futaie, on pourrait le faire à la simple vue si on a une assez grande expérience, car l'estimateur expérimenté qui fait des erreurs dans l'évaluation des taillis, peut en faire de plus grandes dans l'évaluation des futaies isolées, et de bien plus grandes encore dans celles en massifs pleins. Si un arbre est vu de trop loin il paraît trop petit ; de vingt-cinq à trente mètres, je ne sais par quel effet d'optique, il paraîtra plus gros qu'il ne l'est réellement ; dans les plans inclinés, les arbres vus de la partie supérieure de la montagne paraissent trop courts, et de la partie inférieure trop longs. Dans ces derniers cas l'estimateur doit se tenir à mi-côte et sans s'éloigner de plus de 8 à 10 mètres des arbres ou du taillis à observer. Pour embrasser convenablement la périphérie d'un arbre, dans les montagnes comme

dans les terrains plats, l'estimateur doit se tenir
à 10 mètres de l'objet qu'il veut observer. On
a proposé divers instruments pour déterminer
mathématiquement la hauteur des arbres; mais
un arbre ne doit pas être vu seulement en hauteur,
la grosseur est bien plus importante à connaître;
les branches mêmes quelquefois représentent plus
d'un tiers de la valeur de la tige. Mais en admettant que ces instruments puissent être de quelque
utilité dans certains cas, ils seraient inapplicables
dans le plus grand nombre. Dans les massifs très
couverts il faudrait à chaque pied d'arbre établir
et démasquer un point d'observation, ou lorsqu'il
s'agirait d'opérer sur des milliers, on perdrait
un temps considérable. Il est un moyen qui peut
offrir autant d'exactitude que le demande ces
sortes d'opérations : il consiste à prendre le pourtour des arbres à quatre pieds au-dessus du sol,
dans *les futaies en massifs pleins,* et à trois pieds
dans *les futaies sur taillis.* J'ai fait des observa-
tions sur une grande quantité de sujets pris dans
diverses forêts et dans diverses localités qui m'ont
prouvé qu'une estimation faite sur ces bases se
rapproche beaucoup de la plus grande vérité. Dans
les massifs de futaie dont les arbres se rapprochent
de la forme cylindrique, on prend, comme je viens
de le dire, le pourtour à 133 centimètres du sol,
et si l'on ôte un neuvième du pourtour trouvé, on

aura la circonférence au milieu de l'arbre. Quant à
la hauteur de la tige, il est indispensable qu'elle
soit connue, ce qui sera toujours facile, à quelques
décimètres près. Ainsi un arbre est supposé avoir
15 mètres de tige, et la circonférence à 133 centimètres du sol, se trouve être de 81 centimètres :
retranchant un neuvième il restera 72 pour la grosseur du milieu, c'est-à-dire que cet arbre aura 72
centimètres, à 7 mètres 50 centimètres au-dessus
de la racine. Dans les conifères élevés en massifs
et qui ont une grande longueur, mesurant comme
dans le premier cas, à 133 centimètres au-dessus
du sol, on trouvera la circonférence du milieu en
ôtant un dixième seulement. Ainsi un sapin a une
tige de 35 mètres, et la circonférence à 133 centimètres du sol étant de 70 centimètres, si on ôte un
dixième il restera 63 centimètres pour le pourtour
au milieu de l'arbre. Dans la *futaie sur taillis*, les
arbres décroissant plus brusquement, on prendra
le pourtour à 1 mètre du sol, et s'il est reconnu
être de 273 centimètres, et la hauteur de la tige de
10 mètres, on ôtera un septième du pourtour
trouvé à 1 mètre, et les 234 centimètres restant
seront la grosseur au milieu de la tige. Dans la futaie sur taillis encore, mais dans les endroits où
elle se trouve serrée, et par conséquent plus élevée et conservant mieux sa grosseur, on opérera
de même que pour la futaie sur taillis; mais au lieu

7

d'ôter un septième du pourtour trouvé à 1 mètre
du sol, on ôtera un huitième seulement, et
le restant sera la circonférence au milieu de
l'arbre. Cette règle n'est certainement pas si exacte
qu'elle ne laisse rien à désirer, car la forme des
arbres est loin d'être régulière ; mais dans de
nombreuses expériences, j'ai reconnu qu'opérant
sur un nombre assez considérable de sujets, une
estimation faite d'après ces données se rapproche
beaucoup de la réalité. Indépendamment de la tige
des arbres, il reste encore les branches qui peuvent
tenir, surtout dans les futaies sur taillis, une assez
grande place dans la valeur de l'arbre. Dans les
arbres branchus, soit de futaie sur taillis, ou d'arbres de lisières, on peut estimer de 17 à 22 stères
de bois par 100 décistères de tige, et dans les futaies élevées les branches ne donnent guère que
de 8 à 10 stères par 100 décistères de tige. Dans
le premier cas il se pourra trouver encore 350 fagots de ramilles, et dans le deuxième 150 par 100
décistères.

### ESTIMATION DU FONDS.

L'estimation d'une forêt régulièrement aménagée n'offre guère de difficultés pour en trouver le
revenu annuel. Si on a recours, comme cela est
indispensable, aux données historiques, on relèvera
dans les actes authentiques, ou sur les renseigne-

ments qui seront fournis, le résultat des ventes
annuelles, pour un nombre d'années égal à la révolution complète de l'aménagement, ou bien,
comme en matière d'impôt, en prenant le revenu des
quatorze dernières années, moins les deux plus
fortes et les deux plus faibles. Divisant alors
le produit en autant de fractions que d'années, on
aura le revenu brut annuel, duquel on ôtera les
frais, soit d'impôts, de garde et de repeuplement,
qui sont à peu près du dixième, et le restant
exprimera le revenu net de la propriété. Le
forestier appelé à faire l'estimation d'une forêt
de cette nature devra encore s'informer si, durant
les années qu'il aura prises pour asseoir son revenu annuel, le propriétaire actuel n'a pas coupé une
plus grande quantité de futaie (si on opère sur un
taillis) que ne le comporte un bon aménagement,
ou si l'aménagement lui-même n'aurait pas été
changé : par exemple, une forêt depuis longtemps
s'exploite à trente-six ans; il est bien certain que si
un tel aménagement était ramené à vingt-quatre,
le propriétaire, au lieu de couper 1 hectare de bois
chaque année, en coupera désormais 1 hectare
50 centiares ; que dans cette contenance se trouveront des bois de vingt-quatre à trente-six ans, et
que cette circonstance donnera une augmentation
dans le revenu, augmentation qui disparaîtra avec
la cause, aussitôt que cette forêt aura atteint sa

révolution de vingt-quatre ans. On voit donc que l'estimateur qui ne tiendrait pas compte de l'influence que peuvent avoir dans le revenu les deux circonstances qui viennent d'être signalées, serait exposé à payer ce fonds au delà de sa valeur réelle, puisqu'il aura opéré sur un revenu exagéré, un revenu qui ne pourra que s'abaisser.

Si l'estimation des forêts aménagées régulièrement est simple et ne présente pas d'autres difficultés pour en trouver le revenu annuel, il n'en sera pas de même pour celles qui ne se trouveraient pas dans les mêmes conditions. Un propriétaire, par exemple, veut ajouter une portion à sa forêt ; un capitaliste veut acquérir 10 hectares de bois qui se coupent à quinze ans, mais irrégulièrement. J'admets qu'on les coupe en une ou deux années : dans le premier cas, prendra-t-on le prix de vente de la totalité de ces 10 hectares, et le divisera-t-on par quinze années pour avoir le revenu brut ou net si on ôte les charges annuelles? Mais une pareille évaluation serait vicieuse et contraire aux intérêts de l'acquéreur. Ce fonds, et je vais le démontrer, serait payé au delà de sa valeur. J'admets que ces 10 hectares de bois eussent rapporté, net de tous frais, après quinze ans, 6,000 francs, ou en apparence un revenu annuel de 400 francs. Si on veut faire un placement à 4 p. 0/0, ce fonds sera payé 10,000 francs; mais pour toucher 6,000 francs, le nouveau propriétaire attendra quinze ans ; tandis que s'il eût fait un placement sur hypothèque ou sur l'état, chaque année il recevrait 400 francs. Il faut donc conclure de là que 400 francs ne sont pas le revenu réel de ces 10 hectares de bois, puisqu'un autre placement serait plus avantageux. Si le revenu qui vient d'être trouvé ne satisfait pas, il faut avoir recours à un autre moyen. Le revenu des terres, des prés, des exploitations rurales et industrielles est facile à trouver, et dès qu'on a constaté le revenu d'un fonds quelconque, il est aisé de savoir si on place à 3, 4 ou 5 p. 0/0. Mais où trouver l'expression de la valeur d'un hectare de bois ? Beaucoup de personnes font l'estimation de la superficie à part, et accordent au fonds une valeur égale au prix des terres voisines ; mais une pareille évaluation ne peut encore satisfaire et repose sur une erreur ; car nous avons des sables très médiocres, des montagnes ardues et rocheuses, qui donnent de très beaux produits comme bois, et qui en donneraient de nuls livrés à la culture ; comme on trouve des terres qui seraient d'un faible rapport comme bois, et desquelles, cependant, le cultivateur tire de très belles récoltes. Dans l'estimation des fonds de bois, comme en toutes choses, la mesure des produits doit seule donner la valeur du fonds. Si cependant on achetait un bois en vue d'un défrichement immédiat, certainement la position

ne serait plus la même, et ce serait avec raison
qu'on prendrait pour base le prix des terres cul-
tivées. Nous allons parler d'un autre moyen ; mais
plus loin nous verrons qu'il ne répond pas encore
à la question, mais il la prépare, Si on prend 1 hectare de bois de dix ans, actuellement coupé, ayant
produit 500 francs et qui les produira encore dans
dix ans, en apparence le revenu annuel sera de
50 francs, et si on veut faire un placement à 4 p. 0/0
ce fonds vaudra 1,250 francs ; mais pour avoir 500
francs il faut attendre dix ans. Si on prend 1 hectare
de terre qui donne annuellement 50 francs, à dix ans,
comme le bois, il aura produit 500 francs d'intérêts,
et dans l'un comme dans l'autre cas, le revenu annuel sera de 50 francs. Dans les deux conditions
les charges annuelles sont de 5 francs, ce qui réduit le revenu à 45 francs. Dans le placement en
terre, la première année on recevra 45 francs
dont on jouira neuf années ; la deuxième on recevra encore 45 francs dont on jouira huit ans, etc.
Si le revenu annuel du fonds de terre est placé à
4 p. 0/0 à mesure qu'il arrive, la première année,
comme on vient de le le dire, on recevra    45  »
La deuxième année on recevra encore 45
    francs, plus le capital et les intérêts de
    l'année précédente, total : . . . . . .    91 80
La troisième année on recevra encore 45
    francs, plus les intérêts des deux pla-

cements précédents . . . . . . . . . .   140  47

La quatrième année, capital et intérêts porteront le chiffre à. . . . . . . . . . .   191  19

Si on pousse cette progression jusqu'au
dixième terme on aura perçu, tant pour
le revenu annuel que les intérêts cumulés de 45 francs reçus annuellement   540  40

Ou, relativement aux fonds de bois, un
revenu annuel de. . . . . . . . . . .    54  04

Les intérêts composés des divers placements de 45 francs auront produit en
intérêts. . . . . . . . . . . . . . . .     90  40

Ceci établi, on va voir quel sera le revenu
net d'un hectare de bois qui rapporte
en apparence 50 francs par an. Pour
couvrir les déboursés annuels, on sera
obligé de faire des avances de 5 francs
égales aux 10 années, mais qui, comme
dans le fonds de terre, ne pourront
être distraites des rentrées annuelles,
puisqu'on ne touchera que dans dix
ans. Le capital et les intérêts composés
d'un déboursé de 5 francs pendant dix
ans, à 4 p. 0/0, sont de . . . . . .     67   »

Les intérêts composés qu'ont produits les
divers placements de 45 francs dans le
fonds de terre, et qui ont été comptés à
son avantage, n'existant pas pour le

fonds de bois, doivent venir en déduction dans le revenu de notre hectare de
bois, puisqu'il produit 45 francs par
an, moins les intérêts qu'a produits le
champ de terre. Nous avons dit que
ces intérêts sont de . . . . . . . . .  90 40

Total des charges en défaveur de l'hectare de bois. . . . . , . . . . . . .  157 40

Si on veut savoir quel sera le revenu d'un
hectare de bois qui produira dans dix
ans 500 francs, relativement à la même
étendue de terre et du même rapport,
mais dont le revenu est perçu par an-
nuité, de 500 on ôtera 157.40 montant
des intérêts du champ de terre que le
bois n'a pu produire; on trouvera que
ce dernier ne donne en définitive, après
dix années, que. . . . . . . . . . .  342 60

Et que le revenu annuel n'est que de. . .  34 26

Si on veut faire un placement à 4 p. 0/0, le
fonds de bois vaudra 850 francs, et celui
de terre, relativement, vaudra. . . . 1350  »

Comme on le voit, celui qui achèterait un hectare de terre, qui lui rapportera 50 francs de revenu brut, et 45 nets de frais chaque année, fait
un placement plus avantageux que celui qui achèterait un fonds de bois qui ne lui rapportera que

500 francs après dix ans. Malgré l'évidence de ces faits, bien des personnes considèrent ces deux placements comme offrant les mêmes avantages.

Pour trouver, dans toutes les hypothèses, la valeur réelle d'un fonds de bois, on doit procéder du connu à l'inconnu ; pour assigner une valeur à un fonds de bois, à un hectare, par exemple, on doit savoir ce qu'il a été vendu ou ce qu'il sera vendu lors de la coupe (la futaie, s'il y en a, est estimée et payée à part). Je suppose que ce prix est de 600 francs ; je dis donc : 1 hectare de bois *actuellement coupé*, frais annuels déduits, produira dans quinze ans 600 francs. Pour savoir ce que vaut aujourd'hui ce fonds, il faut placer un capital à intérêts de 4 p. 0/0, si c'est le taux choisi, durant le même nombre d'années, pour produire après quinze ans 600 francs d'intérêts, afin que le capital placé à 4 p. 0/0 et le fonds de bois offrent le même avantage. Je suppose ce capital trouvé, et je dis qu'il est de 1,000 francs, qui produira en quinze ans, capital et intérêts composés, 1,800.93 ; ôtant le capital, qui est de 1,000, il restera 800.93 d'intérêts. Ce chiffre fictif servira, par une règle de fausse position, à établir la proportion suivante : Si pour recueillir 800.93 d'intérêts en quinze ans à 4 p. 0/0, il faut placer un capital de 1,000 francs, quel autre capital faudra-t-il placer pour produire 600 francs d'intérêts durant le même temps ? — Si on

7.

fait ce calcul, on trouvera que le terme inconnu est 750 francs, et que, par conséquent, le fonds de bois qui rapportera 600 francs nets dans quinze ans, vaut actuellement 750 francs. En effet, plaçant 750 francs durant quinze ans, à intérêts de 4 p. 0/0, ils donneront, capital et intérêts composés, 1,350.70, et si on ôte le capital, qui est de 750 francs, il restera 600 francs d'intérêts cumulés. Ainsi, que l'on place durant quinze années un capital de 750 francs à 4 p. 0/0, ou que l'on achète 750 francs un hectare de bois qui rapportera 600 francs après quinze ans, les deux placements seront identiques.

En toutes circonstances, en procédant comme il vient d'être dit, on peut trouver la valeur d'un fonds de bois lorsque l'on connaît ce qu'il vaut à son exploitabilité. Si, par exemple, ce bois est coupé à trente ans, et qu'il vaille à cet âge 1,400 francs, on devra établir la même série de calculs et trouver ce que 1,000 francs, chiffre fictif, produiront d'intérêts composés, soit à 4 ou 5 p. 0/0, durant trente ans, afin de pouvoir établir une proportion reposant sur les mêmes bases que celles dont nous nous sommes servis pour l'hectare valant 600 francs à quinze ans.

Lorsque l'on a trouvé la valeur d'un fonds de bois qui vient d'être coupé, il faut aussi la trouver dans le cas où le bois aurait, soit deux, trois, six, dix bourgeons, etc.; car si un taillis de deux ans

n'a pas une valeur actuelle ou absolue, il en a une
d'avenir, et cette valeur est plus considérable à mesure qu'on se rapproche de son exploitabilité. On
sait qu'un taillis de trois ans vaut mieux qu'un
taillis de un ou de deux ans, et que si cette valeur
est plus grande, elle devra tenir une place plus
large dans l'évaluation du fonds qui se trouverait
dans cette condition.

Nous allons reprendre l'hectare qui vient de nous
servir de base, et nous supposerons qu'il est couvert d'un taillis de cinq ans. Il est bien certain
que sa valeur est plus grande que lorsque nous l'a-
vons trouvé découvert. Cette fois, au lieu d'attendre quinze ans pour recevoir 600 francs, on n'en
attendra que dix pour avoir la même somme.

Il vient d'être démontré que le prix du fonds
seulement d'un hectare de bois qui rapportera 600
francs dans quinze ans, vaut 750 francs. Si à cette
valeur on ajoute les 600 francs que vaudra, quinze
années plus tard, la superficie , on aura une propriété qui, dans dix ans, vaudra 1,350 francs. En
posant cette question, on se demandera ce que vaut
aujourd'hui une propriété qui vaudra 1,350 francs
dans dix ans. Autrement, on demandera quel capital
il faut placer à 4 p. 0/0 pour valoir dans dix ans,
capital et intérêts composés, 1,350 francs? En admettant encore le chiffre fictif de 1,000, on trouve
qu'en dix années il aura produit, capital et intérêts,

1,480 francs. Une règle de fausse position va encore
donner la proportion suivante : Si 1,480 : 1,350 : :
1,000 : $x$, le terme inconnu sera 912.16 pour
la valeur actuelle et du fonds et des cinq bourgeons.
Si on veut avoir séparément et la valeur du fonds
et celle des cinq feuilles, de 912.16 on ôtera le prix
du fonds, qui est de 750, et le reste, qui sera
162.16, représentera la valeur des cinq bourgeons.

Si on admet que cet hectare a quatorze bourgeons, sa valeur sera plus grande encore, puisque
dans un an seulement ce fonds vaudra 1,350 francs.
Ici encore on se demandera quel capital il faudrait
placer pour produire en un an, capital et intérêts
composés à 4 p. 0/0, 1,350 ? Le chiffre 1,000 donne
1,040, avec lequel on établit cette nouvelle proportion : Si 1,040 : 1,350 : : 1,000 : $x$, le quatrième
terme sera 1,298.09, qui valent le fonds et les quatorze feuilles ; et en retranchant de ce chiffre la
valeur du fonds, qui est 750, il restera 548.07 pour
la valeur des quatorze feuilles. Ainsi, placer un
capital de 1,298.07 durant un an à intérêt de 4
p. 0/0, ou acheter un hectare de bois qui vaudra
1,350 francs dans un an, les deux placements offriraient le même avantage, puisque dans l'un comme
dans l'autre cas, on recevra dans un an 1,350 fr.

On vient de voir que 548.07 est la valeur de quatorze feuilles de un hectare de bois qui rapporte
net de tous frais, 600 francs à quinze ans. De

548.07 à 600 pour arriver à l'âge de l'exploitabilité,
il y a 51.93 pour le quinzième bourgeon. Si cependant on divisait 600 entre quinze années, on trouverait que le premier bourgeon comme le dernier
aurait une valeur de 40 francs, tandis que réellement le premier ne vaut que 30 francs et quelques
centimes, et le quinzième 52 francs moins quelques
centimes. Cette différence de valeur a pour cause
le cumul des intérêts; et celle-là ne se présenterait-
elle pas, qu'elle existerait de même, puisque l'accroissement des bois est souvent supérieur au cumul
des intérêts, même à 6 p. 0/0. Ce qui vient d'être
dit peut trouver son application dans diverses circonstances. Un marchand de bois, par exemple,
achète dans une forêt 1 ou 50 hectares de bois âgé
de quinze ans, qu'il aura payé 600 francs l'hectare.
Des cas fortuits surviennent, et ne lui permettent
pas d'abattre la même année la totalité de l'étendue
achetée, et cet état se prolonge une ou deux années.
Nul doute que cet adjudicataire ne doive une indemnité au propriétaire, et que cette indemnité
ne soit proportionnée au préjudice souffert;
mais quel devra être le chiffre de cette indemnité?
On a vu que le quinzième bourgeon d'un bois qui
vaut 600 francs à quinze ans, est de 51.93. Si on
veut avoir la valeur du quatorzième, on établit une
nouvelle proportion en reprenant le chiffre fictif de
1,000, et on dira : Si 1,000 francs placés à 4 p. 0/0

donnent en deux ans, capital et intérêts composés,
1,081.60, quel autre capital faudra-t-il placer pour
produire en deux ans, capital et intérêts, 1,350,
qui est la valeur du fonds et son produit après
quinze ans? Le capital cherché sera 1,248. En effet,
plaçant 1,248 francs durant deux années à 4 p. 0/0
d'intérêts composés, ils donneront 1,350, et de
1,248 si on retranche le prix du fonds, qui est 750,
comme on le sait, il restera 498 pour le prix des
quatorze bourgeons. Pour avoir la valeur du quatorzième, on prendra la différence qui existe entre
548.07, valeur des quatorze bourgeons, et 498,
celle du treizième, et cette différence sera de 50. Il
résulte de là qu'un adjudicataire qui aurait payé
600 francs un hectare de superficie de quinze ans,
devra au propriétaire du fonds, pour un retard de
deux années, et par chaque hectare :

Pour le quinzième bourgeon . . . . . . 51.93
Et pour le quatorzième. . . . . . . . . 50

Total par chaque hectare pour deux sèves 101.93

De 548.07, formant la valeur des quatorze bourgeons, pour arriver à 600 francs, qui est la valeur
complète, il y a 51.93 ; et cependant, comme je viens
de le dire, si on divisait 600 par 15, on aurait des
bourgeons qui représenteraient une valeur uniforme de 40 francs. Sur une petite étendue et dans
des bois de faible valeur, la différence serait peu

sensible ; mais s'il s'agissait de 25 hectares, ayant
cinquante ans d'âge, et qui eussent été achetés
4.000 francs l'un, le propriétaire serait lésé s'il ne
réclamait que la valeur uniforme des bourgeons.
Jusqu'alors nous avons pris pour base de nos opérations l'hectare, qui a une superficie d'une valeur de
600 fr. à quinze ans, et nous avons vu que la première
année de la vie végétale de ce taillis vaut 50 francs,
et la quinzième 51.93. Serait-il équitable de faire
payer à un adjudicataire en retard le prix des premiers bourgeons, ou celui des derniers de la végétation ? On peut répondre à cette question qu'il n'est
pas présumable que, parce qu'il y a eu retard d'une
ou deux années dans l'abattage d'une coupe, que le
propriétaire détruise l'ordre établi dans sa propriété. Si l'aménagement n'est pas changé à cause
et pour le motif du retard dont nous venons de
parler, nul doute que l'adjudicataire ne doive les
derniers bourgeons et non les premiers, puisque
la superficie de la coupe prochaine n'aura que
treize ans au lieu de quinze qu'elle devrait avoir ;
et cette superficie à treize ans vaudra 600 francs
moins 51.93 si le retard est d'une année seulement ;
et s'il est de deux ans, cet hectare vaudra 600 francs
moins une fois 51.93 et 50 ; total 101.93. Si de 600
on retranche 101.93, il restera 498.07 pour la valeur de 1 hectare de bois à treize ans, qui doit en
valoir 600 à quinze ans.

### ESTIMATION DES FUTAIES.

L'estimation du fonds et de la superficie des futaies en massifs pleins dans leur croissance, ne se
fait pas autrement que celle des taillis. L'important ici encore, c'est de connaître la valeur de la
superficie à son exploitabilité, ce qu'on trouvera
toujours si on a quelque habileté ; les précédents peuvent aider à fixer cette valeur. Cette
donnée acquise, on établira les calculs en procédant
du connu à l'inconnu, ainsi que nous l'avons fait
plus haut pour le taillis.

L'estimation aussi en croissance des futaies sur
taillis, si elle ne se fait pas par contenance, ne
repose pas moins sur les mêmes bases. Je suppose
qu'un estimateur soit appelé à faire un rapport
d'une forêt sur l'étendue de laquelle il trouve
5 à 400 baliveaux et autant de modernes (quant
aux anciens et aux arbres mûrs, ils sont estimés
à part), quelle valeur leur assignera-t-il? Il est certain que les baliveaux, que nous supposerons âgés
de vingt-cinq ans, et les modernes de cinquante
ans, ont une plus grande valeur inhérents au sol
que s'ils en étaient détachés ; nous allons le voir :
dans 1 hectare de taillis de vingt-cinq ans, il n'y a
pas moins de 4 à 5,000 brins qui ne valent en
moyenne que 30 centimes l'un, puisqu'en leur ac-
cordant cette valeur, l'hectare de vingt-cinq ans

fourni de 4,500 brins seulement, serait supposé valoir 1,350 franc. Hors, résulte-t-il de ce que ces brins ne valent que 30 centimes, que le baliveau ne vaudra que le même prix restant attaché au sol ? Nous ne le pensons pas, par cette raison qu'un baliveau de vingt-cinq ans végétant dans l'intérieur d'un massif, dans un sol passable, en bois dur, bien entendu, ne vaudra pas moins de 35 à 45 francs à cent ans, c'est-à-dire dans 75 ans, puisqu'il en a vingt-cinq. Si le propriétaire du fonds ne vendait ces baliveaux que 30 centimes et qu'il plaçât cette somme durant soixante-quinze ans à intérêts composés de 4 p. 0/0, elle ne lui donnerait que 5.70. On peut donc conclure de là, qu'un baliveau de vingt-cinq ans qui vaudra 35 francs dans soixante-quinze ans, pour être estimé et payé sa valeur, lorsqu'il a vingt-cinq ans, doit être coté à 1 franc 85 centimes. En effet, plaçant 1 franc 85 centimes durant soixante-quinze ans à 4 p. 0/0, ils produiront, capital et intérêts composés, 35 francs 16 centimes.

Un propriétaire a des modernes de quarante à cinquante ans qui ne cubent en moyenne que 1 décistère 50 centist., et à cause de leur petit volume, n'ont une valeur absolue que de 5 francs. Le propriétaire comprend-il ses intérêts en les abattant, quand il sait que ces modernes vaudront 40 à 50 francs dans cinquante ans ? Non, car en admettant qu'il place ces 5 francs durant cinquante ans à intérêts composés de 3 p. 0/0 , ils ne lui donneront que 26 francs 25 centimes, et a 4 p. 0/0 que 35 francs. Ce propriétaire sera donc d'accord avec ses intérêts en conservant des arbres qui lui rapportent plus de 5 p. 0/0, pourvu toutefois qu'ils ne soient pas assez nombreux pour nuire au dessous.

Les arbres en croissance s'estiment comme le taillis, seulement au lieu d'opérer par contenance on opère par sujet isolé. Comme pour le taillis encore, il faut connaître ce que vaudra l'arbre à évaluer lors de son exploitabilité, ce qu'on pourra toujours trouver si on a égard à son essence et au terrain où il croît. Nous supposerons que cet arbre a vingt-cinq ans et que dans soixante-quinze ans il vaudra 45 francs. Ce terme va nous servir à établir la proportion suivante : Quel capital faudra-t-il placer durant soixante-quinze ans à 4 p. 0/0 pour produire, capital et intérêts composés, 45 fr.? Plus haut nous avons vu que 30 centimes produisent en soixante-quinze ans, capital et intérêts à 4 p. 0/0, 5 francs 70 centimes. Cette donnée va nous servir à établir la proportion suivante : Si 5.70 : 45 :: 30 : $x$, le terme inconnu sera 2.36. Ainsi qu'on achète 2 francs 36 centimes un arbre en croissance qui vaudra 45 francs dans soixante-quinze ans, ou qu'on place un capital de 2 francs 36 centimes durant soixante-quinze ans à intérêts

composés de 4 p. 0/0, l'un et l'autre placement
produiront 45 francs moins quelques centimes.

En toutes circonstances, pour trouver le prix
d'un arbre en croissance, il faut savoir ce qu'il
vaudra à son exploitabilité, calculer les intérêts
que produiraient 30 centimes ou un autre chiffre
fictif durant le temps qu'il faudra attendre, et ces
deux termes trouvés, le troisième s'obtiendra par
une simple règle de proportion.

---

Ce que le cadre de ce petit ouvrage m'a permis
de dire sur les forêts est certainement insuffisant
pour une certaine classe de forestiers, mais pour
la généralité de ceux auxquels je le destine, elle y
trouvera à peu près tous les éléments d'une saine
pratique. Si pourtant quelques-unes des personnes
qui se donneront la peine de me lire, voulaient
avoir recours à des ouvrages traités plus scientifi-
quement, je croirais leur être utile en leur indi-
quant ceux de M. Noirot-Bonnet, sur cette matière,
qui doivent être, à plus d'un titre, vivement recom-
mandés à tous ceux qui s'occupent de sylviculture, et
notamment, par sa spécialité, *le Manuel théorique
et pratique de l'estimateur des forêts,* dans lequel
l'auteur s'est élevé à la plus haute spéculation de
la science. Dans ce manuel, qui est à la portée de
tous, on trouve des séries de facteurs constants

qui s'appliquent à l'évaluation des forêts en croissance, que l'auteur a su réduire aux proportions
de la pratique la plus simple, puisqu'il suffit d'une
simple multiplication pour obtenir des résultats.

Je terminerai ce modeste cours de sylviculture
par quelques considérations sur l'avantage que
peuvent recueillir les propriétaires en tenant en bon
état les routes servant à l'enlèvement des bois de
leur forêt, quelle que soit la distance. Lorsque les
transports s'effectuent par des chemins défoncés,
en mauvais état, la différence, relativement à ceux
faits par des voies bien entretenues, n'est pas
moindre de deux septièmes. Si 4 stères coûtent
7 francs pour être voiturés sur des chemins via-
bles, ils ne coûteront pas au-dessous de 9 francs
pour la même distance, si ces transports se font
difficilement. Ce ne sont pas les seuls motifs qui
peuvent engager les propriétaires à tenir leurs chemins en bon état, car si ce soin est négligé, il
arrive très souvent qu'on ne peut aborder dans les
exploitations que par des temps choisis, et de là
peut résulter que la vidange ne se fait pas utilement et que les coupes restent encombrées au moment où elles devraient être vidées, et le séjour trop
prolongé des bois dans les taillis nuit à la reproduction. Soit que les propriétaires vendent par

adjudication ou amiablement, soit qu'ils fassent exploiter eux-mêmes, la différence des transports que je viens de signaler viendra toujours en déduction sur leur revenu; et cette différence, répétée chaque année, ne tarde pas à former un capital qui ne serait pas absorbé par les travaux d'urgence. Comme dans l'état, les propriétaires peuvent mettre ces travaux à la charge des adjudicataires. Préalablement à la vente, on fait estimer les travaux à exécuter et on en met une portion à la charge des marchands de bois, suivant l'importance des lots qu'ils ont acquis.

Le tracé le plus convenable des routes qui doivent servir à la traite et à l'enlèvement des produits d'une forêt, est celui qui vient aboutir à de grandes voies de communications. On donne ordinairement aux routes d'exploitation une largeur de 4 mètres, en faisant ouvrir de chaque côté des fossés dont les terres sont rejetées sur le centre, en les disposant de manière à former une demi-élipse coupée dans sa longeur, en aplatissant sensiblement le demi-cercle de manière à ce que les eaux ne puissent séjourner et qu'elles soient rejetées dans les fossés. Dans les terrains sains on peut se dispenser de faire ouvrir des fossés sur les côtés, mais le milieu de la route devra toujours être plus élevé que les côtés. Dans des sols déclives, pour que les eaux pluviales n'enlèvent pas les

terres et ne dégradent pas les chemins, tous les
25 à 30 mètres on pratique des rigoles qui déver-
sent les eaux sur les côtés. Les travaux qui s'exé-
cutent dans les chemins et routes qui traversent les
forêts, doivent l'être, autant que possible, sur la fin
du printemps, pour que les terres aient le temps de
s'affaisser avant le retour de la mauvaise saison et
des pluies d'automne.

Il est un moyen très simple et peu coûteux de
ferrer les routes d'exploitation : j'en fis exécuter
plusieurs portions qui durent depuis dix ans et qui
se sont conservées en assez bon état quoiqu'elles
n'eussent pas été entretenues. On fait ouvrir en
droite ligne dans la longueur des routes et dans la
position que doit occuper le sillage des roues,
deux tranchées parallèles de 50 centimètres de
largeur chacune sur 50 de profondeur, dans le
fond desquelles on dépose un premier lit de fortes
pierres que l'on assied sur la face la plus large et
que l'on recouvre ensuite de plus menues jusqu'au
niveau du sol, où en les élevant de quelques centimètres au-dessus pour l'affaissement. Un encais-
sement plein serait préférable certainement, mais
aussi serait-il plus dispendieux ; du reste, pour le
service d'une forêt, celui dont je viens de parler
est suffisant et peut durer longtemps si on en a
soin et si quelques travaux d'entretien viennent
réparer les ornières. Les encaissements partiels

sont d'autant moins coûteux, que dans les forêts il est rare de ne pas toujours avoir des pierres à une distance très rapprochée.

Dans l'intérêt des propriétaires et pour assurer le placement des produits de leurs forêts, lorsqu'il se trouve soit des gisements de minérais, de pierre à chaux ou à plâtre, je leur offrirai le conseil de ne pas en négliger l'exploitation. Je connais des propriétés dans lesquelles se trouvent des exploitations de ce genre qui absorbent chaque année 2 à 300 milliers de fagots de ramilles, qui, sans cette circonstance, seraient placés difficilement et encore à des conditions onéreuses. Le propriétaire a donc un double avantage à faire ouvrir ces carrières, soit lui-même ou en le donnant à fermage, d'abord parce qu'il pourra tirer un revenu quelconque de ces exploitations, et qu'il s'assurera du débit des bois inférieurs de sa propriété.

FIN.

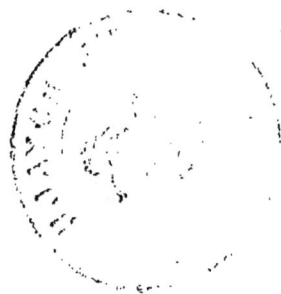

# TABLE DES MATIÈRES.

8

FIN DE LA TABLE.

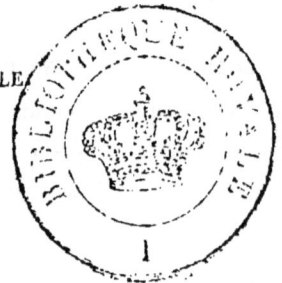

www.ingramcontent.com/pod-product-compliance
Lightning Source LLC
Chambersburg PA
CBHW050111210326
41519CB00015BA/3922